# 排污权制度探索与实践

## ——以河北省为例

李利军　李艳丽　著

北　京
冶　金　工　业　出　版　社
2022

## 内 容 提 要

本书理论与实践相结合，以排污权试点工作的时间顺序为主要线索，对排污权理论及其制度形成，排污权在中国的发展，排污权在河北省开展省级试点的准备和过程，排污权的期限、价格、范围、担保、数量配置，排污权有偿使用标准，排污权的使用监测、排污权的环境-经济调控效应等进行了探讨和说明。

本书可供排污权相关工作部门人员和研究人员参考使用，也可供环境经济管理相关专业大学生和研究生参考使用。

**图书在版编目(CIP)数据**

排污权制度探索与实践：以河北省为例/李利军，李艳丽著．—北京：冶金工业出版社，2021.1（2022.11 重印）

ISBN 978-7-5024-8681-5

Ⅰ.①排… Ⅱ.①李… ②李… Ⅲ.①排污交易—研究—河北 Ⅳ.①X196

中国版本图书馆 CIP 数据核字(2021)第 016899 号

**排污权制度探索与实践——以河北省为例**

**出版发行** 冶金工业出版社 **电 话** (010)64027926
**地 址** 北京市东城区嵩祝院北巷 39 号 **邮 编** 100009
**网 址** www.mip1953.com **电子信箱** service@mip1953.com

责任编辑 于昕蕾 美术编辑 彭子赫 版式设计 禹 蕊
责任校对 郭惠兰 责任印制 窦 唯

北京虎彩文化传播有限公司印刷
2021 年 1 月第 1 版，2022 年 11 月第 2 次印刷
710mm×1000mm 1/16；12.5 印张；217 千字；186 页
**定价 75.00 元**

**投稿电话** **(010)64027932** **投稿信箱** **tougao@cnmip.com.cn**
**营销中心电话** **(010)64044283**
**冶金工业出版社天猫旗舰店** **yjgycbs.tmall.com**
（本书如有印装质量问题，本社营销中心负责退换）

# 前　言

排污权是个“舶来品”。谓之为“权”，主要因其所赖以生存的新制度经济学强调产权界定，其实在英语中它最常见的表述是“Emission Permits”，为排污许可的意思。伴随改革开放，排污权作为中西环境管理交流和市场机制改革的重要代表，逐渐走上我国环境管理舞台，目前处在省级工作试点到期、未来方向和具体政策尚不明确的状态。

从根本上讲，排污权是经济学在环境问题方面对市场万能思想的一次补救。自由资本主义时期，亚当·斯密称为“看不见的手”的“市场机制”力量被夸大，甚至产生了“市场万能论”的说法。19世纪末期，垄断和经济危机频发，两百年工业化大生产对生态环境累积效应逐步显现，生态破坏、环境污染事件越来越严峻。面对“市场失灵”的惊呼，马歇尔和庇古在20世纪初提出了外部性理论，把与经济相关的社会问题分为两部分，一部分是市场机制作用范围内部的，市场机制当然有效；另一部分是市场机制作用之外的，即外部的，如生产排放带来的外界环境污染、采矿开挖带来的矿区生态环境破坏，从而修正“市场万能论”为“市场内部有效论”。同时，提出了政府纠正思想，由政府借助强制力对生态环境问题制造者征收税费，以促进企业决策时把外部的生态环境破坏成本考虑在内，并积累生态环境治理资金，奠定了“排污者付费”和“外部成本内部化”的基础，在经济学内开创了“政府干预”的先河。1960年，科斯在1937年《企业的性质》基础上，撰写《社会成本问题》一书，进一步提出企业资源配置可以有市场交易和组织内部协调两种方式，哪种更有效率，取决于哪种成本更低。而市场交易的成本取决于产权是否清晰，如果交易双方对交易对象的产权界定足够清晰，交易成本可以接近于零，从而突破外部性理论，使得市场在各种资源配置中都是有效的。换言之，市场之所以失灵，是因为交易对象的产权界定不够清晰，而不是市场机制本身。如果把企业排放污染物改变环境组分和功能的活动看作是对环境自净能力的消耗，是对环境容量的占用；同时，把环境自净能力和环境容量看作一种资源，对之进行产权界定，企业排污问题就可以从市场外部直接转化到市场内部，市场失灵可以避免。1968 年，美国学者戴尔斯在科斯定理的基础上，提出了排污权。

如果单纯是一种行政许可，排污权仅能保障企业的生产排放活动，不会产生这么大的社会影响。排污权最典型的创新在于市场交易，而要让这种环境行政许可权交易起来，必须要有一系列规则、措施相配合。在从理论走向实践的过程中，美国以环境资本、排污总量控制、排污削减等思想为指导，逐渐加深认识，逐步制定具体措施，从最初的企业小泡泡政策（1975 年，相当于单纯的企业排污许可），到后来的区域大泡泡政策（1979 年，相当于总量控制下的区域内企业排污许可自主调配）；从补偿政策（1976 年，相当于区域内总量控制下的“占补平衡”，上马新改扩项目需要以既有项目减排为前提），到排污银行政策（1979 年，相当于企业储存自己的日常减排产生的剩余排放指标，用于自己日后的新改扩项目排放）；再到容量节余政策（1980 年，相当于新改扩项目可以从其他有排放指标结余的企业购买排污许可指标，而不新增区域排放量），逐渐形成了一整套制度安排。1982 年，美国把以上政策措施综合为统一的排污交易政策（Emission Trading，没有特指 Right 或 Permit），称为排污交易系统，并于 1986 年以立法的形式确定下来。

这么一整套繁杂的制度，仅仅是为了说明市场机制可以作用于环境保护领域吗？排污权实践不是为了证明理论，而是社会发展实践需要市场在环保领域发挥应有的作用。排污权交易建立在对市场和组织内部协调两种资源配置方式谁成本更低、更具有效率的分析基础上，从某种意义上概括而言，市场配置资源可以近似看作是市场机制，组织内部协调可以近似看作是计划（政府）机制，“市场和计划都是手段”，谁更有效率，成本更低就应该由谁发挥更大的作用，排污权不是单纯的自由市场机制，也不是单纯的政府计划机制，而是一种混合机制。政府借助计划机制控制排污权总量，排污权总量对应着环境容量总量，从而对应着环境质量。在环境质量得到保障的基础上，企业获得相应的排污许可指标，在许可数量范围内从事生产经营。但经济生产领域存在优胜劣汰，有新设有破产，有订单增加有设备更新，新改扩项目和产能如何获得排污指标？企业订单增加没有足够排污指标怎么办？企业减产排污指标用不完怎么办？企业设备改造排污减少指标用不完怎么办？排污指标能否余缺调剂？这是“伦敦烟雾事件”以来，西方国家对企业限量排放，也就是排污许可制度实施以后遇到的基本问题。单独死板的企业排污许可制约了经济，捆绑了企业的手脚。允许排污指标交易，可以让企业在保障政府环境质量计划的基础上，自主安排生产，发挥经济的市场活力，并可以让排污指标自动配置到效率最高效益最好的企业和行业中，推动整个社会进步。所以，排污权制度可以防止单纯计划机制“一管就死，一放就乱”的经济发展与环境保护的矛盾问题，也可以防止单纯市场机制负外部性带来的环境领域“市场失灵”问题，可以将政府计划机制与市场交易机制结合起来，在保障环境质量的基础上活跃市场经济，统筹协调环境与经济的关系。

作为一整套制度体系，排污权制度要建立并运转起来，应当具备以下基本条件：

首先是环境容量的资源化，这是排污权制度的认知基础和理论前提。资源，经济学上比较学术化的成为生产要素，是价值的源泉，企业在生产中消耗和使用资源，把资源的价值转移转化成为商品的价值。企业生产必须购买资源，对资源付费，这是经济学上所谈的资源配置。环境容量是环境受到污染显示出对人类危害的初始值与环境本底值之间的差距区间，在这个区间内，环境遭遇到外来污染物的侵扰，可以利用其自净能力逐步消解转化转移，维持其对人类友好的组分、结构和功能。如果污染物排放的强度和数量超过了环境自净能力，环境容量变为负值，就会被认为环境污染。经济学认为，资源理论是发展的，从最初的土地、劳动，到后来的资本、科技、管理，再到信息，应适应社会发展和经济实践的需要。20世纪中期以来，生态和环境问题越来越严峻，对经济发展的影响也越来越明显，环境容量在企业生产中的重要地位也越发显著起来。企业的污染排放，其实是对环境容量的消耗和占用，换个角度来说，企业环境容量参与了企业生产，也就是参与了商品的价值创造。从这一点说，环境容量是企业生产的新型重要资源，与原材料、能源、科技、劳动等一样，企业生产不可或缺。

环境容量与环境质量密切相关，控制环境容量的消耗，就可以保证环境质量。控制环境容量消耗，要从控制每一个企业的环境容量消耗开始，这就是企业排污许可。

其二是排污许可制度的精细化，这是排污权交易的可行性与操作性前提。排污许可是一项行政许可权，是环境污染问题行政管理很自然的管理方式。早期的排污权很简单——排放有污染，不允许随便排就可以了。但要想承载起交易的重任，排污许可必须要细致：排污口、排污类型、排污去向、排污浓度、排污频率与强度、排污流量与总量、排污许可期限、排污许可数量、许可指标结余认定、许可交易登记与认定、排污监测与台账，等等，诸如此类。泡泡、补偿、储存和结余四大类排污权制度的内容，都要以排污许可制度为承载的基础。

我国排污许可制度早在1985年就有了，当时，为了应对黄浦江水质污染问题，上海市环保局率先采用排污许可措施，对上海境内黄浦江上游企业分配排污许可量，核发排污许可证，并据此形成黄浦江允许排放污染物总量控制措施。1988年，在借鉴上海经验的基础上，国家环保局在北京、上海、天津、徐州、常州等18个城市和地区开展水污染物排污许可试点工作，并归纳出排污许可的四个基本工作程序：申报登记、规划分配、审核发放和监督管理。1991年，国家环保局确定上海、天津、沈阳、广州、太原等16个城市开展大气污染物排污许可试点工作。2015年，修订后的《中华人民共和国环境保护法》实施，第四十五条规定："国家依照法律规定实行排污许可管理制度"。2016年，国务院颁发《控制污染物排放许可制实施方案》（国办发［2016］81号）；同年，环保部出台《排污许可证管理暂行规定》环水体［2016］186号；2018年，环保部发布《排污许可管理办法（试行）》（环境保护部令［2017］第48号），于2018年1月10日起施行。

最初的时候，排污许可比较简单粗糙，一张纸上写明核定的允许排放量，没有其他功能。20世纪末开始排污权试验和试点时，我国市场机制发育不完全，排污许可没有具体化，更无力承载与市场的关联，很多地区排污权证与排污许可证平行存在，各行其是。2016年以来，排污许可证日渐规范，往往达到百十页，俨然一套排污许可书，承载排污权的条件明显加强。如果排污许可制度操作时进一步加强总量控制制度，并在此基础上采取相机排污削减机制，灵活排污许可证的期限，将为我国排污权制度的全面实施打造出非常好的基础和条件。

第三是排污权的使用、结转、储存、交易等内在规则配套和完善，这是排污权交易得以开展并繁盛起来的制度条件。排污权制度体系要多站在企业的立场上来评价，因为排污权制度是以市场机制为基础为核心的，排污权制度到运转依赖于千百万企业这个市场主体的自觉主动选择行为。政府把环境容量做成资源，形成市场中的资源供给，以限定供给总量的方式谋求环境质量，由企业根据市场规则自由配置排污权资源，以获得环境质量和经济活跃双重目标的统一。在这个过程中，排污权制度不应该依赖行政权力和行政措施，只能依靠好的制度设计；否则，有市无货，有市无求，市场萧条，制度设计就是存在问题的。目前，我国排污权选点试验已经20年、省级试点工作已经10年，各试验试点行业和地区制定了一些排污权的规则措施，取得了显著成效。但仔细分析，也可以发现一些问题，主要是这些规则措施大多数还没形成完整体系，排污权规则措施之间的衔接有的也不够顺畅，企业在排污权制度中的地位还不够明确，排污权从获取到使用、储存、交易的流程体系还不够顺畅，排污权制度措施的行政性偏强、市场性偏弱，收费性偏强、服务性偏弱，服务新、改、扩上项目性偏强，促进区域排放递减性偏弱。练好内功，完善排污权内部的规则措施，形成良好的制度体系，仍是接下来非常重要的工作内容。

第四是排污权制度的确定性、稳定性和持久性，以及作为权力的权威性和排他性。生态环境工作有行政手段、技术手段、法制手段、经济手段等多种方式和措施，其中经济手段又分为税费、排污权交易等，在当前生态环境压力比较大的背景下，行政手段、技术手段、法制手段见效比较快，立竿见影。排污权交易这种市场性手段则是温火慢炖，依靠社会和经济体系主体之间的逐步传递，有千万家企业通过自身市场选择，汇集成对环境质量的影响。从试验试点形成的规范性文件来看，很多地区的排污权制度与其他制度措施存在明显掣肘，排污权制度像个受气的媳妇，在环境管理中权威性和排他性较差。当然，这与排污权制度自身制定时的确定性，以及实施中的稳定性和持久性也有关系。目前，排污权制度试点中存在一些问题，比如，企业对于排污权使用的自主性没有得到明确保障，企业结余的排污权无法实现储存和跨期结转，排污权交易的市场性自主性也比较脆弱。也就是说，排污权的交易出现了，排污权的基础性规定有了，但制度的效力等级比较低，与其他环境管理制度也存在衔接不足或无法衔接的问题。目前有的企业有排污权也不能排污、结余排污权不能自主用于新改扩；同时，排污权期限死板教条、排污权配置苦乐不均、排污权监控监测存在漏洞等问题，也影响了排污权的权威性和企业参与的积极性。只有排污权制度健全配套起来，制度之间的关系理顺起来，排污权交易市场才能彰显出其对环境容量资源配置的效果，排污权制度与环境质量之间的关系才能够明朗起来。

第五是排污监测统计的准确性和排污秩序的法制性，这是排污权制度能够实施的基本保障。环境容量资源是制度创设性资源，排污权市场是人造市场，排污权市场的运行依赖于制度的完善和制度的执行。如果企业排污监测统计存在漏洞，偷排、漏排、超排不能及时发现及时惩处，排污权的权威性就荡然无存，排污权市场就会成为摆设。所以，如果要想排污权制度顺畅运行，必须确保排污监测统计的准确性和排污秩序的法制性。

我国有深厚的封建思想传统，长期实施计划经济和严格行政管理，市场机制发育不完善，尤其在环境容量这种公共属性明显的资产管理领域，很多人对其市场性管理还存在不同意见。的确，把环境容量作为资源，如果放到市场中去交易，不仅会对环境质量带来影响，还会影响宏观经济的区域布局和产业布局，影响行业经济结构，影响整体经济成本水平，当然对微观经济主体的影响更为多面和明显。所以排污权制度是一件大事儿，牵一发而动全身，需要谋定而后动，试定而后动。

在2007年以来的省级排污权试点工作中，河北省2011年获得批准开始具体工作，在总体上是一个比较居中的省份：获批时间居中、排污权价格居中、交易量居中、工作进度居中。但是，河北省也是一个比较突出的省份：面临的污染压力突出、工作的掣肘和难度突出、研究的深度和广度也较为突出。河北省总体上环境容量供给严重不足，高能耗高排放产业密集，排污权供求矛盾明显，这是排污权制度实施的一个先天问题。高能耗高排放产业发展受产业政策约束，其设立和退出不是排污权的事情，河北省企业市场活跃度一般，受资源和排放管制影响明显，排污权影响相对较小。试点工作10年以来，河北省制定了《河北省主要污染物排放权交易管理办法（试行）》《河北省排污权有偿使用和交易管理暂行办法》《河北省主要污染物排放权出让金收缴使用管理办法》《关于进一步推进排污权有偿使用和交易试点工作的实施意见》《河北省排污权抵押贷款管理办法》《河北省排污权核定和分配技术方案》《关于制定河北省排污权有偿使用出让标准的通知》，以及多份《主要污染物排放权交易基准价格》等规范性文件，在全省主要行业新改扩项目针对二氧化硫、氮氧化物、化学需氧量、生化需氧量四种污染物开展了排污权交易工作，对既有企业进行了初始排污权核定，并开展了大量研究、培训和科普活动。截至2019年底，河北省累计排污权交易总额近11亿元，其中2019年排污权交易金额2.52亿元，完成交易笔数2635笔，交易化学需氧量8803t、氨氮976t、二氧化硫13408t、氮氧化物23672t。

排污权制度的探索与实践是一项非常繁杂而有意义的环境管理行政创新。排污权意味着环境容量资源化，在理论上和实践上冲击经济学，并影响资源行政管理；排污权影响财务会计体系，企业购进卖出排污权记什么科目入什么账目，影响财政税收管理规则；排污权影响国民经济统计体系，排污权形成一种资产，环境容量自然需要纳入资产统计，企业排污权资产增减对增加值核算带来影响，形成国民经济核算与统计体系的调整，影响统计局相关工作；排污权对应的环境容量在我国属于公共资产，公共资产的处置管理涉及发改、国资行政部门；排污权借助市场机制进行交易，涉及市场管理部门；排污权初次配置和二次交易决定了企业对环境容量资源的需求能否得到满足，进而决定了不同行业、地区、企业的产能产量，成为一种行业、地区的经济调控手段，涉及工信、发改等部门；排污权以守法合规排放为基础，涉及法律和司法部门；排污权初次配置是国有资产的出售，对应收入涉及财政收入；排污权交易需要价格，涉及物价部门。排污权是生态环境部门的基本事务，但需要广泛协调多个部门行业，在做好生态环境行政管理的同时，还必须适应环境管理市场化的需要，做探索公共管理市场化的先锋。

本书的作者从21世纪初开始研究排污权与可持续发展相关领域，并于2010年介入河北省排污权试点的制度设计与实践推广工作，经历了排污权这种既有行业行政管理系统中单一创新性改革举措从理论准备、思想突破、阐述论证、摸底调查、调研对比、制度搭建、部门协调、文件起草、培训解释、观点碰撞、试点试行、检查督促、重点推进、总结反思的多个环节，对制度改革“突破口”的认识更加深化。排污权是一套非常有意义的环境与经济协调发展的制度体系，它不但推动了环境管理领域的创新发展，对国家和地区的宏观和中观经济调控观念也有深远影响，对行政管理改革路径的选择也很有借鉴价值。河北省排污权试点工作有成绩也有不足，但这并不妨碍作为试点先行者的勇敢和创新探索精神的肯定。在生态文明战略指引下，排污许可制度精细化、科学化了，总量控制制度的精细化、科学化还会远吗？以排污许可制度为载体、以总量控制制度为方向的排污权制度的明天还会远吗？

本书是河北省科技厅软科学项目《雄安生态新城全碳管控建设中的公参普碳计量方法学研究（20557674D）》的阶段性成果，由李利军教授设定写作思路和章节大纲，李利军和李艳丽共同完成。写作过程中得到了河北省污染物排放权交易服务中心的大力支持，河北省高等学校人文社会科学重点研究基地石家庄铁道大学工程建设管理研究中心与河北省软科学研究基地石家庄铁道大学工程建设管理研究基地给予了资助，书中引用和参考了众多学者的观点和作品，借鉴了其他试点省份的相关文件和工作经验，在此一并表示感谢。

本书在写作中尽量保持了排污权试点探索的时间顺序和研究活动历史原貌，不排除有些理论、政策、规则与事项有所调整变化，作为试点和研究阶段回顾式的叙述，贴近原貌也许更能体现社会的发展与进步。

由于水平有限，书中难免有疏漏之处，恳请读者不吝赐教。

作　者

2020年6月

# 目　录

# 第一章　排污权制度的兴起

环境资源的公共性和涉及环境问题的活动的外部性，使得市场和政府手段在环境问题领域都存在失灵现象。根据科斯理论发展起来的排污权交易制度把环境的这两方面特征结合起来，政府有效地运用其对环境资源的产权，使市场机制在环境资源的配置和外部性的内部化问题上发挥最佳作用，从而把市场机制和政府机制有机地结合起来，达到可持续发展的最佳状态。排污权制度有利于污染物排放达标的实现，有助于总量控制战略的实施，可以在加强环境管理的同时促进经济发展，并且便于国家之间协调行动，具有广阔的应用前景。

## 第一节　排污权的产生及其理论内涵

### 一、排污权的提出和基本内涵

在科斯理论的启发下，美国著名经济学家戴尔斯（J. H. Dales）于 1968 年最早提出排污权的概念，并于 1973 年在其著作《污染、产权、价格》中具体阐述了排污权的制度设想。

戴尔斯认为，外部性的存在导致了市场机制的失效，造成了生态破坏和环境污染。单独依靠政府干预，或者单独依靠市场机制，都不能起到令人满意的效果，只有将两者结合起来才能有效地解决外部性，把污染控制在令人满意的水平。他认为，环境是一种商品，政府是这种商品的所有者。作为环境的所有者，政府可以在专家的帮助下，把污染废物分割成一些标准的单位，然后在市场上公开标价出售一定数量的“排污权”。每一份排污权允许其购买者排放一单位废物。根据专家的计算和测定，每一水域或区域出售排污权利的数量要足以保证其清洁度使人们能够接受。如果一时难以达到，可以将权利数量的出售逐年减少，直至达到这一点。政府不仅应允许污染者购买这种权利，而且如果受害者或者潜在的受害者遭受了或预期将要遭受高于价格的损害的话，为了防止污染，政府也应允许其对排污权进行竞购，有的公司出价可能会高于前者愿意支付的价格，甚至高于已经被购买的排污权的价格。

在竞争中，一些能用最少的费用来处理自身污染问题的公司都愿意自行解决，使外部性内部化。然而，排污权将不会被完全使用，因为一些环境保护社团可能购买一些排污权利来保证水质高于政府规定的标准。政府则可以用出售排污权得到的收入来改善环境质量。政府有效地运用其对环境这个商品的产权，使市场机制在环境资源的配置和外部性的内部化问题上发挥最佳作用，这就是著名的排污权交易理论。

排污权的总量要受到环境容量的限制。一个区域应当配置多少排污权，要建立在环境检测部门、环境保护部门认真研究、论证的基础之上；应保障其不能超过环境容量，最佳数量是使老百姓普遍感到满意，绝不能因为排污权是政府的垄断产品而任意发放和出售，能够满足这种要求的是总量控制制度。

戴尔斯提出排污权交易理论后不久，美国国家环保局（EPA）就采纳了这一思想，并首先将其用于大气污染源及河流污染源管理，形成了实践中的排污权交易制度。而后德国、澳大利亚、英国等国家相继进行了排污权交易政策的实践。

## 二、排污权制度的主要理论基础

### （一）外部性理论

在西方经济学中，经济活动的外部性是用以解释环境问题形成的基本理论，外部性是无法在价格中得以反映的市场交易成本或收益。当外部性出现时，买卖双方之外的第三方将受到这一产品的生产和消费的影响。无论这一产品的买者还是卖者（这一产品的生产和使用导致了外部性）都不会考虑第三方（指某一家庭或某一企业）的收益或成本。

经济活动的外部性分为外部经济性和外部不经济性两个方面。在环境资源保护活动中外部性是指：人的经济活动对他人、对环境造成了影响，而又未将这些影响计入市场交易的成本与价格之中。外部不经济性是使经济主体忽视环境保护，不愿意在环境保护方面投资的内在原因。环境资源的使用具有典型的外部不经济性，如企业污染了周围环境，给周围居民和企业带来了危害；上游砍伐森林导致水土流失，淤积了下游河道，加剧了洪涝灾害。排污权交易的出现，可以解决环境污染的外部不经济性问题。

### （二）科斯定理

科斯定理是在“外部性”理论提出后，学界在探索如何将外部性内部化问题的过程中为大多数学者所认可和采纳的一种以环境产权理论解决外部不经济性内部化问题的理论。

根据科斯的意愿及延伸结论，把科斯定理表述为：如果交易费用为零，无论权利如何界定，都可以通过市场交易和自愿协商达到资源的最优配置；如果交易费用不为零，就可以通过合法权利的初始界定和经济组织形式的优化选择来提高资源的配置效率，实现外部效应的内部化，而无需抛弃市场机制。

根据科斯定理，解决外部性可以用市场交易形式替代庇古税手段、法律手段以及其他政府管制手段。因此，所谓科斯手段，就是科斯定理所表明的内容，只要能把外部性的影响作为一种产权明确下来，而且谈判的费用也不大，那么，外部性问题可以通过当事人之间的自愿交易而达到内部化。

排污权交易制度就是在自愿协商制度的基础上，由政府出面建立合法的污染物排放权利即排污权（这种权利通常以排污许可证的形式表现），并允许这种权利像商品那样被买入和卖出，以此来进行污染物的排放控制。排污权交易制度并不是科斯具体提出的，但它根植于科斯定理，被人们视为当代最有效的市场化的环境经济手段。

#### （三）环境容量资源的稀缺性

经济学认为：只有稀缺资源才具有交换价值，才能成为商品。随着人口的增长和生产力的发展，对环境资源的获取越来越大，环境资源多元价值之间发生矛盾（即环境资源的不同功能开始相互抵触）及环境资源稀缺性（即环境资源难以容纳人类排放的各种污染物）的特征逐渐显现。环境容量资源的稀缺性表现一定时期和范围内的环境容量资源是有限的，即环境对污染物的容纳程度是有限的，这种有限性就是环境容量资源的稀缺性。环境容量资源的稀缺性正是总量控制的理论基础，也是排污权有偿使用的前提。

### 三、排污权交易制度的优势

与环境标准相比，排污权交易是一种基于市场的经济手段。同排污收费相比，排污权交易更充分地发挥了市场机制的配置资源的作用。排污权交易主要具有以下几点优势。

（1）排污权交易制度充分利用了市场机制这只“看不见的手”的调节作用，使价格信号在生态建设及环境保护中发挥基础性作用，从而更具有市场灵活性。排污权交易不需要像排污收费那样，事先确定排污标准和相应的最优排污费率，而只需确定排污权数量并找到发放排污权的一套机制，然后让市场去确定排污权价格。通过排污权价格的变动，排污权市场可以对经常变动的市场物价和厂商治理成本做出及时的反应。

(2) 排污权交易制度有利于政府发挥在环境问题上的宏观调控作用。由于非对称信息的存在，政府决策可能出现失误，也可能落后于形势，环境标准和排污费征收标准的修改有一定的程序；同时，修改涉及各方面的利益，因而有关方面都会力图影响政府决策，从而使修改久拖不决。有了排污权交易后，政府管理机构可以通过发放或购买排污权来影响排污权价格，从而控制环境标准。这种作用就好比“公开市场业务”干预经济运行情况一样，是一种间接的、市场的调控活动，实施简便，不但不会遭到企业的敌视，而且还会起到引导企业尊重市场规律的积极效应。

(3) 排污权交易制度可以实现环境政策的成本最小化和经济主体的利益最大化。在政府管理机构没有增加排污权的供给，即总的环境状况没有恶化的前提下，通过排污权交易，边际治理成本比较高的污染者将买进排污权，而边际治理成本比较低的污染者将出售排污权，其结果是全社会总的污染治理成本最小化和经济主体的利益最大化。

(4) 排污权交易制度有利于优化资源配置。一般来说，环境标准不能绝对禁止排放污染物。因此，即使某地所有的厂商排放的污染物都达到了环境标准的规定，随着厂商数量的增加，污染物的排放量仍然会增加。如果为了确保总的排污量指标不被突破，就不允许新厂商进入该地从事生产，有时又可能影响经济效益，因为新厂商的经济效益有可能高于原来的厂商，而其边际治理成本又有可能低于原来的厂商。排污权交易为这些厂商提供了一个机会。通过排污权交易，既能保证环境质量水平，又使新、改、扩建企业有可能通过购买排污权得到发展，有助于形成污染水平较低而生产水平较高的合理工业布局。

(5) 排污权交易制度可以提高企业投资污染控制设备的积极性。污染控制投资在技术上往往是“整体性”的或不可分的；要进一步减少一单位污染，通常需要增加一大笔投资。例如，购置一台设备，建设一座污水处理厂。这些设备不仅可以处理增加的一单位污染，而且可以处理很多单位的污染，直至达到该设备的极限，此后如果再增加处理量，需要再做一笔大投资。因此，实际的污染治理投资是阶梯形递进的。但是如果按照减少每一单位污染所分摊的成本求出边际治理成本曲线，并以此来确定庇古税，企业将产生和最优庇古税下不同的反应。如果管理机构错误地估计了企业的控制成本，使庇古税低于控制成本，企业将选择交税而不是添置污染控制设备，这样就达不到排污量的控制指标。投资的整体性助长了企业不愿对控制设备进行投资的倾向。

排污权交易排除了上述问题，因为管理机构只确定排污权的数量（即污染量减少的数量），排污权的价格是由市场供求确定的。排污权交易使得企业节约下来的排污许可证能够在市场上出售，或储存起来以备今后企业发展使用，因而能够促使污染者采用先进工艺，减少污染排放或采用更有效的控制设备增大污染物的削减量。

（6）给所有人以表达意见的机会，有利于在环境问题上消除误会和矛盾。政治学认为，社会公众利益是民众与政府之间以及不同社会利益团体之间产生矛盾的焦点，社会环境问题即是其中最为典型的一个。合理的沟通和意见表达方式是消除矛盾的重要方式。如果排污权市场是自由开放的，则任何人（不管是不是排污者）都可以进入市场买卖。企业可以进入市场，表达自己为生产而愿意支付一定数额的排污费用的意愿；环境保护组织如果希望降低污染水平，也可以进入市场购买排污权，然后把排污权控制在自己手中，不再卖出，表达自己愿意为环保事业支付费用的意愿。通过市场，排污者、抵制排污者和政府干预机构可以达成一种和谐，这种办法是有效的，因为它通过支付意愿反映了人们的选择。

## 第二节　排污权制度的形成和早期实践

### 一、排污权在美国的初步形成与体系化

对于空气污染问题，早在1955年，美国国会就制定了《空气污染控制法案》，在之后的14年里虽然陆续出台了很多法律法规，但并没有多少真正能够得到实施。直到1970年联邦政府才发现由于各州不愿意合作执法，依靠各州来治理空气污染效果不明显，为此国会通过了《清洁空气法》1970年修正案，任命环境保护署（EPA）控制和监督大规模的空气污染行为，明确了治理污染的方向和任务。1970年的修正案是一种建立在排放量标准上的强制性控制方法，要求EPA对污染物质制定出一个能被广泛接受的排污标准，污染源的排放必须控制在规定的总量以下，由国家监管部门通过国家执行计划来确保空气质量标准得以实施。到1975年，虽然在控制空气质量方面取得了一定的成绩，但是还有很多地区没有在法定的截止日期前达到空气质量标准的要求，通常被称为未达标区。《清洁空气法》1977年修正案对未达标区进行

了严格的控制，比如：在审批新建的大型污染源时要求所在州证明其污染物质不会妨碍本地区的达标进程，新建污染源还必须把污染物质排放量控制在“可达到的最低排放率”的水平上等。由于这种严格的指令控制体系要求每一个排放源都必须遵守排放标准，制度过于僵硬，导致执行成本过高。实证分析表明，在芝加哥的研究中，强制控制污染的成本大约是治理污染最低成本的14倍；而在特拉华低谷的研究中，这种成本高达最低成本的22倍。

### （一）泡泡制度

为了降低污染的治理成本，美国政府出台了排污交易政策（Emission Trading Policy）。EPA将排污交易政策用于管理大气污染源及河流污染源，并逐步建立起以泡泡（Bubble）、补偿（Offset）、排污银行（Banking）和容量节余（Netting）为核心内容的一整套交易体系，在实践中取得了较好的经济效益和社会效益。

1975年12月，EPA在其颁布的《新固定污染源的执行标准》中第一次采用了泡泡的概念，把一个有几个污染源的工厂比如炼油厂或钢铁厂想象为被一个大的泡泡所笼罩，如果不增加排污总量，可同意改建厂不执行新污染源标准。1979年12月又出台了“泡泡”政策的具体规则并开始试点执行，主要用于达标区和未达标区的老污染源。它将针对一个工厂内有多个污染源的总的排污限制取代了对每个污染源的单独排污限制。只要泡泡内总的排放水平等于或小于排放限制，并在一定时期内保持不变，不危害周围的大气质量，各个污染源之间就可以进行内部交易，即工厂可以在减少某些容易控制、减排费用小的污染源排放量的同时，增加另一些减排费用高的污染源的排放。之后，EPA扩大了“泡泡”政策的应用范围，运用“多泡”政策将整个工厂或邻近的几个工厂捆在一起作为一个大的“泡泡”。如果想被州或国家的EPA批准成为一个泡泡，污染源必须将泡泡内部的污染物排放量削减到规定的基准排放水平以上。在未达标地区，EPA要求污染源只有在此基础上再多减排20%的前提下，才能批准组合泡泡和实行排污交易政策。

### （二）补偿制度

接着出现的是补偿政策。1976年12月，EPA颁布排污补偿解释规则，针对未达标区的新污染源和改扩建污染源以及达标区的一些污染源，创立了补偿政策，即整个地区污染物总量的增加应当由该地区等量污染物的减少来补偿。根据补偿政策，只要能从现在的污染源那里获得足够的排污削减信贷，新建或是扩建的污染源就可以在未达标地区运营。当新的设备开始运转时，这些工厂必须持有比将要增加的污染物质多20%的排污削减信贷。该政策有较强的经济刺激性，使工厂在如何削减污染物排放方面掌握了一定的主动权；工厂能够在EPA的认可下在那些最经济的排放点尽可能多地削减一些污染物，以抵偿另一些排放点污染物排放的增加，同时也保证了环境质量。

### （三）存储制度

1979年，EPA又通过了排污银行计划，即存储制度。根据该计划，各污染源还可以将多余的排污削减量储存在排污权银行（EPA）里，作为进一步发展生产的排污量储备。当然，这些污染物削减量的转让交换和补偿活动必须满足大气质量的要求。当排污削减信贷存入EPA认可的银行后，银行为污染源的排污削减信用提供法律上的认可，以保障其储存和流通。为了避免交易中可能出现的法律问题，EPA建立了银行储存制度，详细规定了排污削减信用的污染物类型、信用的审核、信用拥有者的权利和义务、信用的买卖和流通等内容。

### （四）结余制度

作为最后加入排污交易政策的一个重要计划，容量节余政策规定，只要改造或扩建后的工厂所排放的污染物质净增量很少，就可以不用像新建污染源那样重新接受审查。容量节余政策允许在一个工厂中使用从另一个工厂获得的排污削减信贷来抵消由于污染源扩大和生产设备更新所带来的预期污染增长，这样，工厂再引进新的生产设备就不用提前进行申请，有了较大的自主权。

### （五）美国排污权制度的初步体系化

1982年4月，经里根政府批准，EPA颁发了“排污交易政策报告书”，将泡泡、补偿、排污银行和容量节余计划综合为统一的排污交易政策，允许美国各州建立“排污交易系统”。1986年12月，EPA又颁发了“排污交易政策的总结报告书”，用排污交易政策取代了原先的泡泡政策。在这份政策报告中，为了实现清洁空气的目标，排污交易政策把泡泡政策、补偿政策、排污银行和容量节余政策整合在一起，以排污削减信贷ERC为基础，由四项政策共同决定排污削减信贷在各个污染物排放地区之间进行交易和使用的方式。在这个交易系统中，“污染物排放削减信用”是各污染排放源之间交易的媒介，但是需要指出的是，并非排污削减量就是排污削减信贷，只有当排放量的减少是盈余的、可实施的、持续的和可定量时才成为排污削减信用并在排污交易中使用。同时，排污交易政策还为排污交易制定了具体的交易规模和规则，例如对排污交易市场的范围、参与交易的污染物种类和数量限额，以及排污削减信用的产生、使用和银行储存做了种种规定和限制。

1986 年 EPA 将排污交易政策以立法的方式确定下来，由于没有强制各州实施，其前景的不确定性使许多企业不愿意参与，只有杜邦公司等少数企业实施了排污削减信用的交易。从排污交易政策的实施情况来看，除补偿政策有一些外部交易外，一般以内部交易居多。在众多的内部交易中，利用容量节余政策比泡泡政策要多。这是因为泡泡政策只适用于老污染源，容量节余政策可以应用于新的或改扩建的污染源。

## 二、排污权制度在美国的成型与完善

### （一）排污权在美国二氧化硫排污管理中得到重视和发展

20 世纪 80 年代针对北美酸雨的科学研究表明：导致美国东部地区水体酸化、能见度下降的主要原因是人为产生的 $SO_2$ 排放。据估算，$SO_2$ 的排放总量每年削减（800～1200）$\times10^4$t 将大大减少长期酸化水体的数量并提高能见度，由此每年将产生 120 亿～400 亿美元因改善健康状况而带来的经济效益，以及 35 亿美元因能见度改善而带来的经济效益。因此，降低 $SO_2$ 的排放总量对保护生态和人体健康都非常重要。随着研究进一步深入，大量关于如何有效控制 $SO_2$ 的政策讨论也逐渐明朗。到 1989 年，美国国会至少审议了 70 多项涉及酸雨问题的法案。

在这种大背景下，1990 年美国国会批准了清洁空气修正案法案 Ⅳ，对运用排污许可证权交易减少 $SO_2$ 排放授予法定权利，为排污许可证交易市场的发展奠定了重要的法律基础。该修正案提出了“酸雨计划”（Acid Rain Program），明确规定，在电力行业实施 $SO_2$ 排放总量控制和交易政策。之所以选择电力行业单位作为酸雨计划的限制对象，是因为在 20 世纪 80 年代期间，美国每年硫氧化物的排放总量中有 75% 来自火力发电厂（其中，50 家设备落后的老火力发电厂的硫氧化物排放量占了总排放量的一半），20% 左右来自其他工业污染源，5% 来自交通污染源。酸雨计划覆盖了任何使用煤、石油、天然气等矿物燃料或任何从这些燃料中提炼的其他燃料生产并出售电力的机组，但也有一些例外，比如：1990 年 11 月前使用的简易燃气轮机以及容量在 25MW 以下的机组；出售电力不超过一定量的热电联产的机组以及已经签有电力购买协议符合要求的电厂和独立电力生产商，在协议有效期内的，不在计划范围之内。1990年清洁空气法修正案通过之后才开始商业运行的小型电厂，如果其容量小于25MW，并且使用清洁燃料（燃料含硫量（质量分数）小于0.05%），也不列入酸雨计划的控制范围。当然，一旦某个机组被纳入了计划，则该机组永远受该计划的控制，除非该机组退役。新设备在投入运行之前也要通知EPA。

“酸雨计划”的主要目标是通过在发电厂之间实施$SO_2$排放的总量控制和交易政策（Cap and Trading），2010年$SO_2$的年排放量应比1980年（大约1620万吨）减少900万吨。到2000年，氮氧化物的排放应比1980年减少1620万吨。该计划明确规定分两个阶段来实现这一目标：

第一阶段（1995年1月～1999年12月）涉及位于东部和中西部21个州的110个燃煤发电厂，覆盖范围455个机组（实际第一阶段涉及的机组只有263个，另外182个机组是被作为替代机组或补偿机组列入的），要求这些排放源（尤其是263个重点排放源）比1980年减少350万吨$SO_2$排放量。

第二阶段（2000年1月～2010年）限制对象扩大到2000多家，对排放较少的机组也加以限制，包括了规模2.5万千瓦以上的所有电厂，目标是使它们的$SO_2$年排放量比1980年减少1000万吨。

为顺利达到上述目标，“酸雨计划”提出了$SO_2$排污许可证交易（及排污权交易，下同）。这是一种市场化的环境管理手段，利用总量控制和排污许可证交易政策的方法来达到控制污染的目的。排污许可证交易以总量控制为目标，首先建立一个整体的总量，或每个规定期内最大的排放量。1980年是1750万吨，为确保此项目会达到预想的环境效果，从1995年开始，每年的总量以呈递减的方式来设计。然后把总量分解为若干许可证，一个$SO_2$排放许可证意味着一个电厂或工业污染源内的某个排污源有权在给定的年份排放1t $SO_2$。主管当局以发放许可证的方式授权排放，将许可证分配给各污染源。许可证是完全市场化的商品，一旦分配下去，就可以进行买卖交易或储存到排污银行以备将来使用。每个污染源都要测量并报告其排污情况。每年的年末，持证单位所持有的许可证数量不能少于它实际的$SO_2$年排放量。如果某单位持有的许可证数量不足，管理当局会对其重罚。

EPA总部负责排污权交易计划的日常运转。$SO_2$排污权交易计划的日常事务包括审核污染源提交的排放数据、排污权交易的记录以及许可证跟踪系统的运转。此外，还要对数据进行趋势分析，评估本交易计划产生的环境影响。全国的十个地区性环保署办事处负责处理各种执行事务以及排放许可证的发行，各州负责许可证发行和连续排放监测器的认证。

## （二）美国二氧化硫排污权制度的设计与运行

### 1. 初次分配

美国$SO_2$排污许可证交易政策以1年为周期，通过初始分配许可证、二次交易许可证和审核调整许可证等三部分工作来达到污染控制的管理目标。

在初始分配中，参加主体可分为法定参加者和自愿参加者两类，其中，法定参加者包括被列入酸雨计划第一阶段控制对象的110家高污染电厂的263个重点污染源和第二阶段在此基础上增加的2128家装机容量超过$2.5\times10^4$kW的发电厂，1991年后才开始投产运营的新电厂和生产规模低于$2.5\times10^4$kW但将要扩大到$2.5\times10^4$kW以上的老电厂。自愿参加者则是那些最初没有参加排污权交易计划的污染排放源，通过主动减排参与到$SO_2$排污交易计划中去。当然，由于申请程序比较烦琐，只有少数污染排放源申请自愿参加排污权交易计划。

EPA通常会采用三种方法进行许可证的初始配置：无偿分配、拍卖和奖励。这三种形式分配的许可证总数相对稳定，第一阶段年平均570万个，第二阶段年平均895万个。

在$SO_2$排污许可证交易计划中，绝大多数许可证的初始配置采用的都是无偿分配的形式，即根据排放率和机组的代表性燃料利用水平，免费发放到污染排放源，许可证总额符合总量控制的要求，不超过总量水平。无偿分配的方法主要是祖父继承法（Grandfather），即根据企业的历史排污水平来分配许可证。从1995年开始实施，每年分配一定量的许可证，分两个阶段进行。在第一阶段，每个机组的许可证发放量=排放率（设为2.5磅$SO_2$/百万英热单位）×机组基准年的热耗量(单位：百万英热单位，取1985～1987年的平均年燃料发热量，如果某参加单位1985年之后才开始运行，基准能耗水平改为投产最初3年的平均水平)，其中，排放率指标适用于所有排放率大于2.5磅/百万英热单位的机组；在第二阶段，对于各机组的限制更加严格，每个机组的许可证发放量=排放率×基础燃料消耗量。排放率以每个机组的现有排放率或1.2磅$SO_2$/百万英热单位中低者为准。清洁法案中规定第二阶段分配给所有锅炉的许可总量控制在895万份，以保证减排计划的实现。

为了使初始分配能够顺利进行，新、改和扩建污染源能得到足够的许可证，EPA从每年的初始分配总量中专门保留了部分许可证作为特别许可证储备进行拍卖，大约是分配总量的2.8%。第一阶段每年的拍卖数量为15万个许可证，第二阶段每年为25万个许可证。

拍卖始于1993年，通常在每年3月的最后一个星期一举行，由芝加哥交易所（CBOT）代为管理。拍卖活动可以分为两部分：即期许可证拍卖和远期许可证拍卖，其中，即期许可证是本年度可以使用的许可证，远期许可证是从拍卖日期起7年后可以使用的许可证。投标人必须在拍卖会开始的3个工作日前将他们所希望购买的许可证数量、类型及价格密封起来并送抵芝加哥交易所。每一投标人必须提供用于整个投标费用的一个经过核对的支票或信用证。许可证根据竞拍报价出售，先出售给出价最高的机组，直到许可证全部售出或无人继续投标为止。存储许可证拍卖的收益以及未售完的许可证，按照比例，将由EPA返还给最初建立特定许可证存储的机构。

在美国的$SO_2$排污许可证交易计划中，还有一种比较特殊的无偿分配形式，即设立了特殊的许可证储备，用于奖励企业的某些减排行为。节能和再生能源存储计划（Conservation and Renewable Energy Reserve，简称CRER）就是其中之一，该计划实质是一种提前支取信用的形式，已经积累了30万个$SO_2$许可证，主要提供给那些在达标最后期限之前，就已经采取了提高能源效率或使用再生能源等措施的受控排放源。根据该计划，受控排放源通过采取高效能源或再生能源发电，每节能500MW·h能源，就可以得到一个许可证。

2. *二次交易*

排污许可证的初次分配为二次交易奠定了基础。排污许可证计划交易的主体按其持有许可证的目的可分为三大类：达标者、投资者和环保主义者。达标者是指$SO_2$交易体系的参加单位，它们购买许可证的主要目的是为了在年度审核时，持有足够多的相当于其$SO_2$排放量的许可证，以满足环保署制定的规则。投资者包括经纪人、企业等，类似于股票交易商低买高卖，从中赢利，这部分交易主体虽然为数不多，但对于完善、活跃许可证市场发挥着重要的作用；由于公众对于这部分市场参与者不是很熟悉，EPA在其网站上公布了相关经纪人的名单，但对于经纪人的资信和交易情况概不负责，由交易方自己去调查。环境保护团体或个人参与许可证交易的目的主要是购入并储存许可证，使市场上许可证的总量减少，相应$SO_2$的排放量减少，提高环境质量。在美国比较著名的团体有Clean Air Conservancy、Acid Rain Retirement Fund和Adirondack Council。政府有时也充当这一角色，进行宏观调控，在环境质量恶化时，买进大量许可证。

在$SO_2$排污许可证交易计划中，遵循建立许可证交易账户、提出交易申请、拍卖许可证和填写许可证交易单顺序来完成二次交易。

（1）建立许可证交易账户。EPA在许可证跟踪系统（管理信息系统的一个子系统，主要作用是监测和审核排污信息）中为每个排污单位建立了一个达标账户。该账户的主要内容有全部许可证的发布情况、每个账户持有的许可证数量、各种许可证存储中的许可证数量（如特别存储许可证和可再生资源存储许可证）、许可证扣除量、账户之间的许可证交易情况。对已分配到许可证的企业，由许可证跟踪系统为其账户下的许可证分配序列号，序列号由12位数字组成。没有分配到许可证的企业可以在许可证跟踪系统中申请开设普通账户，凭此账户来参与排放许可证交易计划。遵守交易规则的许可证交易才记录在许可证跟踪系统中。值得一提的是，如果某个单位在许可证跟踪系统中开立了一个普通账户，无论许可证交易数量多少，EPA都会永久保存这个账户。因此，EPA要求指派的账户代表必须是可以随时联系到的，如果授权账户代表的信息发生变动必须及时通知EPA。

（2）提出交易要求。建立交易账户后，许可证的供求双方可以向EPA提出交易要求。许可证的供给来自污染治理成本低的企业，这些企业可以利用先进的技术和设备来治理污染，降低污染排放水平，这样就可以通过将多余的许可证提供给EPA出售而获利。许可证的需求来自污染治理成本高的企业，这些企业可以从交易市场购买许可证来降低污染治理成本，这种交易方式对双方都有利。授权账户代表必须在拍卖会前15天将他们出售许可证的意向通知给美国EPA拍卖会的管理者。账户代表必须指定他们将出售的许可证数量和最低的价格要求。

（3）拍卖。拍卖时从私人持有者提出的最低价格要求开始。私人许可证持有者不但会提供出售即期许可证，而且还涉及预期许可证的拍卖。在提供许可证的时候，私人持有者要明确所能接受的最低价格。EPA不会为了便于拍卖的顺利进行而公布许可证的最低价格。许可证交易直到所有许可证售完，投标完结或下一轮出售的许可证最低价超出购买价为止。许可证的销售收益，将返还给向拍卖会提供该许可证的私人持有者。同样，美国EPA会将没有拍卖出的许可证如数返还。许可证会出售给出价最高者，最终交易情况会在EPA的网站公布。

（4）填写许可证交易单确认并完成交易。一旦交易成功，由授权账户代表将许可证从其账户中划转，填写许可证交易单，确定交易各方的账号以及要进行交易的许可证的序列号。交易双方可以通过一个简单的等式来验证输入序列号的正误：

起始号=结束号-总数+1

或者

结束号=起始号+总数-1

如果许可证的受让方向EPA提交了信件，在信中表明他们将接受许可证划转至其账户下，则不需要受让方在交易单上签字。尽管按规定允许EPA在5天之内将交易记录输入到许可证跟踪系统中，并向双方代表发出确认通知，但这一过程通常在一两天内完成。另外，EPA每天下午对其网站上的近期交易内容进行更新。

此外，2001年12月EPA增加了在线许可证交易服务系统（On-line Allowance Tracking System，简称OATS），让那些希望通过互联网提交交易信息文件或在屏幕上输入数据的人能够在线交易，进一步降低成本。2002年OATS系统记录了4654笔在线交易。

3. 监测与审核

排污许可证交易顺利进行的必要条件是污染源必须使用完整和精确的方法来监测并且上报所有排放量，因此完整、精确的排污信息是有效实行排污许可证交易政策的关键。为了保证交易的顺利进行，EPA建立了比较完善的管理信息系统监测和审核排污数据。

在美国，EPA每年都会通过其完善的排污信息管理系统对所有参加单位进行一次许可证审核和调整，检查各排污单位的当年子账户中是否持有足够的许可证用于$SO_2$排放。这个管理系统包括3个数据信息系统：排污跟踪系统（Emissions Tracking System，简称ETS）、年度调整系统（Annual Reconcilation System，简称ARS）和许可证跟踪系统（Allowance Tracking System，简称ATS）。

（1）排污跟踪系统。排污跟踪系统是一个记录电力行业排放数据的档案库，建立排污跟踪系统的目的是收集、审查和维护参与排污权交易企业的相关排放数据，保证$SO_2$排放数据的及时、完整和精确性，增强参与交易的企业和公众对交易计划的信心。为了提高排污监测方法的精确度，降低交易风险，EPA要求纳入排污交易计划的机组每季度向EPA提交一次以小时计的排放数据，为此排污权交易计划要求每一个机组必须安装连续监测装置（Continuous Emissions Monitoring，简称CEM）对于$SO_2$、$NO_x$和$CO_2$的排放情况以及烟囱流量和灰度进行连续监测和记录。燃煤锅炉必须使用连续排放监测系统CEM，一些燃油或燃气锅炉可以例外。此外，还对设备初始监测审核程序、定期质量保证和质量控制程序、记录保管和申报程序以及数据缺损期数据补报的程序都有明确规定。当然，在可能的情况下，对高质量的监测给予一定的奖励。例如：机组必须定期对其连续排放监测系统进行相对精度测试，这需要公司投入资金。连续排放监测系统越精确，要求测试的次数就越少。

由于需要处理的数据量非常庞大，EPA 要求所有的污染源以基于 DOS 系统的电子报表方式上报排放数据，所有的排放源必须从 EPA 取得一个账户和一个密码，由电厂的授权账户代表（在排污权交易计划中，电厂指派专人负责提交排放数据、排放许可证交易记录、达标情况和许可证使用情况称之为授权账户代表。EPA 与污染源之间的联系通常由各污染源的授权账户代表来实现）来提交排放数据。数据一经提交，就由排污跟踪系统对其进行处理和审计并自动发送反馈报告，该反馈报告含有表明数据是否通过质量核查状态代码。如果报告存在格式错误或严重的数据错误，排污跟踪系统将向污染源发出电子报表，详细指出错误或遗漏之处并要求重新提交。经过排污跟踪系统审计之后，EPA 将以书面形式或通过互联网发布摘要数据。污染源、管理者和其他感兴趣的各方可以按污染源或州的划分来查询数据库，获取有关污染物排放量的信息。

（2）许可证跟踪系统。许可证跟踪系统是一套用来收集、确认和维护财务数据以及可交易许可证所有权和交易记录的综合系统。该系统不但为环保署监督 $SO_2$ 交易计划的达标情况提供了一个高效的自动监测手段，而且 ATS 为交易市场提供了许可证持有者、许可证转让的日期及数量等信息。许可证跟踪系统在整个交易过程中发挥着重要的作用，包括许可证的分配、交易及退出。EPA 利用许可证跟踪系统向污染源发布和分配排放许可证，分配方式包括拍卖或无偿分配。许可证跟踪系统还要核对账户之间的交易情况，以确保交易的合法性。当一笔交易输入系统中时，许可证跟踪系统首先要确认交易许可证的有效性，并且该许可证处于转让状态。如果该笔交易通过了合法性验证，许可证跟踪系统将转让状态的排放许可证扣除并将其转入到接受人账户。EPA 在互联网上公布所有正式的许可证交易情况，许可证持有人及其他感兴趣的各方可以查询数据库，以获取所持有的许可证以及许可证交易的有关信息。有兴趣加入交易系统的单位可以向 EPA 提出申请，在许可证跟踪系统中开一个账户。许可证跟踪系统已经全部计算机化，以加速数据流动，帮助许可证交易市场的发展。

（3）年度调整系统。年度调整系统是连接排污跟踪系统和许可证跟踪系统的重要纽带，该系统主要通过对比每个污染源持有的许可证与其当年的排放总量，计算出各账户年终要扣除的许可证数量并核查企业达标情况。每年年底时，给各参与计划的电厂60天的校准或宽限期，在这期间，如果必要，电厂可以购买许可证来补偿其当年的排放量，宽限期结束后，某个机组在其达标账户中持有的全部许可证必须等同于或超过该机组检测系统中记录的年度 $SO_2$ 排放量，节余的许可证可以出售或存储起来供以后使用。如果污染源的排放量等于或小于企业持有的当期许可证，说明该污染源遵守了交易计划的要求。在核对许可证的持有情况和实际排放数据后，将通知许可证跟踪系统从每个遵守规定的交易客户中收回与其排放量对应的许可证。电厂可以主动选择扣除许可证，否则将按照先进先出的原则来抵扣。如果排放许可证出现短缺，对于超出部分不但要从下一年度中抵扣，而且还会遭受处罚，处罚标准是每吨2000美元（1990年），这一标准要根据每年的通货膨胀系数进行调整。像2002年某个污染源出现了33t超额排放，不但从其2003年账户中抵扣了33个许可证，而且还被罚款90000美元。

通常，年度核对工作将在6月份完成。从3月1日到年度核对工作结束的这段时间内，许可证跟踪系统中的达标账户将被冻结，这就意味着当年和前一年的许可证都不能进出该合法账户。对未来年限的排放许可证交易以及普通账户之间的当年和前一年的许可证交易没有任何限制。EPA将起草反映年度审核结果及达标情况的报告。在完成许可证抵扣工作大约60天后，该报告将公布在网站上。最后将企业多余排放许可证储存起来供将来使用，有效期30年。

# 第二章　排污权制度在我国的试验与试点

自然环境不但是人类直接赖以生存的资源，同时也是人类进行生产活动、改善生存条件的最基本资源。环境对生产活动的作用，不仅体现为直接或间接地为生产提供原材料、能源和其他必需的资源，还体现在它对生产活动所释放出来的气态、液态、固态废弃物以及对人和环境有害的光和噪声的容纳和承受上。由于环境的公共物品属性，企业把不专属于自己的广域环境无偿作为自己排放物的“仓库”，在失去基本公平的同时，也损害了其他人对环境的拥有和利用，同时无法达到生产的帕累托最优状态。对环境权利进行初始界定，民众有清洁环境权，企业有排污权，借助市场机制交易排污权，可以有效减少社会成本并把外部成本内部化。

## 第一节　排污权在我国早期探索与研究试验

### 一、排污权理论在我国的引入

总量控制和排污许可是环境工作发展的必然方向，我国学者在改革开放之初就进行过研究和探讨，20 世纪 80 年代中期，我国上海率先在理论研究的基础上针对水环境污染试行了“总量控制”和“排污许可证”的相关工作，并进行了许可证转让交易的尝试。

随着与西方理论交流的深入，科斯理论和排污权思想开始被介绍到我国。目前能检索到的以排污权为专题进行介绍和论证的文章是唐受印发表的《试论排污权交易机制》，1990 年 6 月刊发于《中国环境管理》。1991 年 2 月，符史高、程春满、陈小平在《环境科学研究》发表《环境保护与经济建设同步进行的战略——对海南实施排污许可证制度和排污权交易政策的构想》，从排污权作用的角度，对排污权在我国的发展做了设想。1993 年 4 月，王曦在《中国环境管理》发表《防治工业污染的新途径——排污权交易》一文。这些资料构成了我国较早介绍排污权理论与政策、对我国开展排污权进行研究工作设想的。

1993 年 3 月，修订后的《中华人民共和国宪法》颁布，第十五条规定："国家实行社会主义市场经济。"市场、交易等词汇的使用打破了原有禁忌，排污权交易的相关研究多起来。1994 年 1 月，黄洪亮、沈建中在《中国人口·资源与环境》发表《环境管理走向市场经济的可喜尝试——对排污权交易的认识与思考》；1996 年 3 月，李周在《生态经济》发表《排污权界定、交易和环境保护》；1996 年 6 月，洪蔚在《环境导报》发表《美国排污权贸易新进展》；1997 年，国家环保总局支持美国环保协会与北京环境与发展研究会合作研究中国开展排污权制度的工作，排污权研究在我国开始发展起来，邢晓军、刘兰芬、姜爱春、黄平、程远、吴敏辉、胡平生、袁磊、狄雯华、庞淑萍、茅于轼、万秋山、李成麟、贺永顺等都在 1999 年之前的研究中做出了积极贡献。他们为我国排污权的试验和试点工作奠定了研究基础。

## 二、我国排污权的摸索和试验

1985 ~ 1994 年的十年间，我国从上海水污染防治开始，陆续在多个地区进行了水污染物和大气污染物的总量控制和排污许可证制度的试验和试点工作。1994 年，国家环境保护局宣布排污许可证试点阶段工作结束，截至这个时间，全国试行水污染排放许可证制度的城市达到 240 个，共向 12247 个企业发放了 13447 个水污染排放许可证；发放大气污染物许可证的试点城市有 16 个，持证企事业单位 987 家，控制排放源 6646 个，削减烟尘总量 12.4 万吨，削减 $SO_2$ 排放量 5.3 万吨。同时，国家环境保护局宣布开始在全国逐步推行排污许可证制度。总量控制和排污许可证制度的十年试验试点工作为排污权引入我国奠定了非常好的思想基础和制度基础。

1993 年，我国宪法正式确立了社会主义市场经济的发展道路，1994 年，《中国 21 世纪议程——中国 21 世纪人口、环境与发展白皮书》发布，提出"将环境成本纳入各项经济分析和决策过程，改变过去无偿使用环境并将环境成本转嫁给社会的做法"，并"有效地利用经济手段和其他面向市场的方法来促进可持续发展"。排污权交易制度良性发展所依赖的市场机制开始加速建设。

1995 年，国家环保局出台了《全国主要污染物排放总量控制思路框架》。1996 年，国务院批复国函［1996］72 号同意了《国家环境保护"九五"计划和 2010 年远景目标》，确立了我国的环境总量控制方案，排污权交易制度运行所需要的总量控制前提基本成型。而作为排污权具体内容的排污申报登记和许可证制度也在 1995 年修正的《大气污染防治法》和 1996 年修正的

《水污染防治法》中得到了明确的规定。中国的排污权交易制度获得了市场机制和总量控制两个重要的实施基础，并在具体内容上有了法律保障，开始走上正常成长的道路。

1997年，在国家环境保护总局的大力支持下，美国环境保护协会（ED）和北京环境与发展研究会（BEDI）开始了在总量控制条件下，中国实施排污权交易可行性的研究。1998年完成研究报告，并于1999年正式出版了《总量控制与排污权交易》一书，排污权在中国发展的草图绘制完成。

在1994～1999年之间，我国排污权制度突破了单纯的排污许可证制度和死板的排污总量控制制度，开始了总量控制下的排污许可指标交易的正式探索和尝试。在这一阶段，包头、柳州、太原、平顶山、贵阳和开远6个城市排污权交易的试点工作有了一定进展。

包头市的排污权交易试点情况。早在1991年，包头市环境保护局制定了《包头市大气氟化物排放许可证管理办法》，该办法规定大气氟化物排放指标在有利于区域环境总量控制管理的前提下，经环保局批准，可以在排氟单位之间互相调剂。国家环境保护局1996年资料显示，包头市稀土冶炼厂焙烧工段是一个主要排氟源，治理难度大，而且位于市区内，周围居民反映强烈。为此，包头市环境保护局提出由具有相同生产工艺的包钢稀土三厂向冶炼厂提供焙烧料，冶炼厂搬迁。由于冶炼厂搬迁，对地面大气氟化物浓度排量减少，包钢获准增加排氟量。冶炼厂因使用包钢提供的焙烧料节省了治理费用。

太原市的排污权交易试点情况。太原市在大气污染治理方面很早就制定了具体办法，做出了大量工作。1998年9月，经山西人大常委会批准，太原市出台了我国第一部包括排污权交易内容的总量控制地方法规。在此之前，太原市进行过多次排污权交易的尝试。比如：太原市选煤厂拟建一座装机容量为26MW的矸石电站，电站要新建3台35t/h的沸腾炉，虽经麻石除尘，每年仍新增660t烟尘，超出排污许可限值。为此，太原市环境保护局要求其采取排污交易工程补偿，补偿内容为：实行热电联供，电站投产后，取代选煤厂和附近太原水泥制品厂的41t/h锅炉，削减298t烟尘；选煤厂所在的西山矿务局，拟在杜儿坪矿建设瓦斯抽气项目，供矿区民用，因资金不足工程进展缓慢。为了促使这一工程尽快建设，经环境保护局与矿务局协商，将这一工程作为矸石电站的环境补偿工程同步建设。瓦斯抽气工程按设计可供5000户职工生活用气，还可供部分食堂和茶炉用气，因此而节煤近20000t、削减270t烟尘的效益，足以补偿矸石电站在热电联供后剩余的烟尘量。也就是说，老污染源烟尘的削减量与新源的增加量基本持平，排污指标仍保持不变。太原市化工区是有名的重污染区，太原化肥厂要新建年产60000t的纯碱车间，用新工艺代替老工艺，并对锅炉实行旋风和静电两级除尘，使单位产量排污量大幅度下降；由于产量增加幅度大，排污总量并不会减少。为此，太原化肥厂出资15万元作为环境补偿费用，由环境保护局在化肥厂所在的太原河西区，组织削减相应的锅炉排尘，来补偿由于新建车间排放量增加造成的大气污染。这样，既促进了技术进步、发展了生产，也保证了环境质量。

开远市的排污权交易试点情况。在实施大气排污交易过程中，开远市也提出了一些值得借鉴的概念。如排污交易的两条基本原则：一是最小限额交易，即对于一些排放量增减不大的交易，虽然对局部地区有一定影响，但对较大范围的环境质量影响很小，可进行“等量交易”。开远市规定的污染物排放量的限值为TSP小于50t/a、$SO_2$小于50t/a、$H_2S$小于20t/a；二是排污交易系数，排污交易系数是指两个污染源之间通过交易反映其增加单位排放量与减少单位排放量比值的系数，计算排污交易系数有多种方法，可以确定两源或多源的排污交易系数，但在确定排污交易系数时应该考虑达标和非达标区的区别，同时也应对非达标区要求有20%的额外排放量。开远市为解决老城区$SO_2$超过国家三级标准问题，计划逐步提高居民煤气、电的使用率。这一计划需要很大一笔投资，单纯依靠国家投资进行综合治理，显然不是短时期内可解决的。开远市在水泥厂扩建时，对老城区这一主要$SO_2$污染源采用了排污交易政策，贯彻“污染者负担”的原则，促进了这个问题的解决。水泥厂由年产50万吨扩建至年产75万吨，$SO_2$排放量增加50%。为此，要求水泥厂出资治理该厂附近的面源污染，以削减面源对$SO_2$污染的贡献，来获取增加排放$SO_2$的权利。据此，水泥厂投资25万元，解决了800户职工的以电代煤问题，使老城区$SO_2$超标率下降了4.6%。

平顶山市的排污权交易试点情况。平顶山矿务局为发挥煤炭资源的优势，决定在五矿附近的新街地区建设年产50000t焦的焦化厂。为解决本地用电不足的问题，经能源部批准，计划在四矿地区建设一个120MW的热电中心。然而，这两个企业所在地的大气TSP浓度已超过大气环境质量三级标准。平顶山市环境保护局通过在该地区内污染源之间的大气排污交易，使两个企业得以顺利建设，也解决了过去难以治理的面源造成的污染，取得显著的环境效益和社会效益。具体的交易内容如下：五矿焦化厂设计能力为年产50000t焦炭，一期工程为25000t，年排尘量约为294t。为了取得这份排污权，在工厂工程上马时追加约662万元的投资，上一套日外供煤气32000m$^3$生产能力的煤气系统工程，可供五矿、六矿和本地区5000户居民生活用气，以削减该地区的五矿、六矿生活用煤和本地区居民生活用煤（年用煤总量21000t，年排尘量356t进行补偿。矿务局热电中心的年排尘量666t，热电中心上马，可取代四矿6台4t锅炉、1台1t锅炉，该地区1495户居民利用电炊取代用煤。其中，7台锅炉和1495户居民年燃原煤36000t，排尘量约2624t，此项数据待查）。通过实施排污交易，使五矿焦化厂地区的年排尘量从365t减少到293t，同时减少$SO_2$排放量约118t。热电中心的建设，使该地区排尘量从2623t减少到666t，该地区排尘污染状况有所改善。

贵阳市的排污权交易试点情况。贵阳市电厂现有机组175MW，由于电厂烟囱低矮，除尘、脱硫效率低，其排放的烟尘及$SO_2$对环境的影响较大；在其影响范围内的太慈桥及大十字地区，$SO_2$及TSP日均值超标率达40%～70%，但城市及工业用电依然紧张。在单一指令性管理下，当地$SO_2$及TSP已超标，显然不能再扩建电厂。然而电厂不扩建，不仅城市和工业用电问题解决不了，而且既有污染因没有经费来源也解决不了。实施排污交易政策，要求贵阳电厂在新建一台200MW机组的同时，拆除现有25MW的机组，并采用140m高烟囱和电除尘，减小$SO_2$排放对当地影响并减少烟尘排放，在扩建机组获得排污权的同时不增加甚至减少了对当地大气污染压力，既保证经济发展，又保证了环境目标的实现。

柳州市也进行了企业内部污染源之间的排污交易尝试。柳州市有色冶炼总厂$SO_2$排放达不到总量指标。为了解决这个问题，决定该联合企业内的硫酸车间与氧化锌分厂之间进行排污交易。氧化锌分厂每年排放$SO_2$约98t，允许排放总量指标为33t；硫酸车间排放$SO_2$近267t，允许排放总量指标为170t。而氧化锌厂治理难度很大，虽然目前排放量不高，但要达到总量指标需要很大的投资。相对来说，硫酸车间在治理上就比较容易，硫酸车间投资近49万元，建成一套多功能硫酸尾气处理装置，使$SO_2$排放量降至每年约77t。这样，氧化锌厂出资近12万元从硫酸车间购买每年约65t的$SO_2$排放权，就可以避免投资高于此几十倍去建设$SO_2$治理设备，最终可使区域$SO_2$总的治理费用减少。

在这一阶段初期，上海、天津等地也进行了排污权交易的尝试。比如上海吉田拉链有限公司与上海中药三厂的排污权交易。天津市尝试了政府把出售排污权的资金用于城市环境综合治理的排污补偿交易活动。1997年底和1998年初，天津拟建大港和蓟县两个电厂，尽管两厂都保证投产后达标排放，但还是没有得到国家环境保护局的批准。其原因是在总量控制的基础上，已没有污染物排放指标。因此，国家环境保护局提出，两个电厂需向政府购买排污权，所缴款额用于城市环境综合治理，减少其他污染，否则建电厂的申请不会得到批准。经协商，最终达成协议：两个电厂分别出资1200万元，用于城市综合治理，由市政府统一管理使用。

## 第二节　21世纪以来我国的排污权制度试点情况

在世界和我国可持续发展观念深入发展和排污权交易不断探索的背景下，我国在20世纪90年代后期开始了与国外在环境领域的密切合作。1999年4月，朱镕基总理访美期间与美国政府就环保领域的合作达成了一揽子协议，国家环保总局与美国环保署签署了关于“在中国运用市场机制减少二氧化硫排放的可行性研究”的合作协议；1999年9月，国家环保总局与美国环境保护协会还签署了关于“研究如何利用市场手段，帮助地方政府和企业，实现国务院制定的污染物排放总量控制目标”的合作协议备忘录。美国环保协会在技术、人员及资金等多方面提供支持，并确定了江苏省南通市与辽宁省本溪市为该项目的试点城市，我国开始了在排污权交易领域与国际发达国家合作推进的新阶段。

### 一、我国第一例真正“排污权交易”的产生

在中美合作协议的框架内，我国于2001年在江苏南通市签订了第一例充分体现市场经济特征的真正的“排污权”交易合同。

交易双方的情况。卖方江苏南通天生港发电有限公司是一家有67年历史的老企业，是国家大型二类火力发电厂，总装机容量为550MW（4台125MW，2台25MW），年发电量为30亿kW·h。作为以煤为主要燃料的大型火力发电厂，天生港电厂在生产过程中要排放大量的烟尘、$SO_2$等大气污染物。为了解决生产过程中带来的环境污染问题，电厂近年来进行了大量的技术改造和治理设备投资，在减少大气污染物排放方面取得了显著的成绩。到1999年末电厂环保设施固定资产原值已达852880万元，主要投资于大气污染物的治理设施，且主要集中在烟尘控制方面，现在运行的3台锅炉配有电除尘装置；2001年交易时正在安装电除尘、水膜除尘等设施，烟尘排放达到国家二级排放标准。电厂主要依靠使用低硫煤和控制煤源来降低$SO_2$的排放，并且煤的硫分控制已成为燃煤供货合同的一项重要指标，列入煤质必检项目之一。目前排放浓度完全能够达到国家制定的排放标准，1995年$SO_2$的总量指标为20000t，2000年$SO_2$总量指标为18000t，约占南通市$SO_2$排放指标总

量的 1/10。而 1999 年实际 $SO_2$ 排放量为 11500t，剩余当年指标 6500t。交易的买方是南通醋酸纤维公司（NCFC），该厂建于 1987 年，是一家中美合资企业，现美方持股 30%，董事会成员由中美双方按 5∶5 组成，实行一票否决制；主要生产香烟过滤嘴滤丝，国内市场占有率为 30%，企业设备先进，生产能力强，管理有序，已通过 ISO 9000、ISO 14000 和 EHS 国际认证，企业管理者有很高的环境意识；公司所有废水经厂区内一级处理后排入南通市城市污水处理厂，烟尘、$SO_2$ 等大气污染物浓度均达到国家排放标准，而且为了减排 $SO_2$，NCFC 的燃料煤也采用低硫煤。但根据 NCFC 热电站的材料，由于生产规模扩大，NCFC 的 $SO_2$ 排放总量指标出现了短缺。卖方企业有富余的 $SO_2$ 排放指标，并且具有进一步减少排放的潜力和治理污染的动力；买方企业具备强大的经济实力并且迫切需要得到更多的 $SO_2$ 排放指标。同时，买卖双方企业有良好的排污指标登记记录，有较为规范的管理和灵活的经营管理能力，具备成为排污权交易正规试点的条件。

交易情况。南通排污权交易项目最初也遇到了一些矛盾，主要是交易双方企业的意见不一致。NCFC 认为 $SO_2$ 总量指标的短缺不但影响生产，还会影响公司的外部形象，但短缺是由于环境影响报告书的计算错误导致的，并非企业过度排放造成；再者，本次 $SO_2$ 交易的价格可能会对今后其他交易产生影响，不应太高。而与此同时，天生港发电有限公司认为价格过低，缺乏对交易的积极性。但 NCFC 的燃煤含硫量已经低于 0.5%，其短缺的 $SO_2$ 指标短期内也无法通过新增脱硫设备而解决，只有与其他富余排放指标的企业进行交易才可能符合总量控制的要求。经过一年多的调研和准备工作，南通市 $SO_2$ 总量控制与排污权交易的试点工作终于取得突破性进展，2001 年 9 月 22 日，南通天生港发电公司与南通醋酸纤维公司在江苏省南通市签订我国第一例真正意义上的 $SO_2$ 排放权交易合同。

本案例开创了以“排放权”形式交易的先河。该《合同》规定，所谓 $SO_2$ 排放权，“是指在污染物浓度达标排放的前提下，由环境保护行政主管部门批准核定的该企业生产过程中所允许排放的 $SO_2$ 总量指标使用权”，首次确立并突出了排放权的概念。这里的排放权交易不同于我们通常意义上的排污指标买卖，排放权交易更加突出了双方在合同期内的环境资源使用权的转让，具有非买断性。这次交易中，$SO_2$ 排放权以年度为单位进行转让，每年 300t，交易费用按年度进行结算，期限从 2001 年起至 2006 年止，转让的 $SO_2$ 排放权总量为 1800t。合同期满，排放权仍归卖方所有，买方得到的是排放权的年度使用权。《合同》还规定，合同期内买方未使用完的排放权可以结转下一年度使用，甚至可能有条件地出让给第三方使用，其中所涉及的 $SO_2$ 排放权相关要素、转让费用支付与排污权限的变更、双方的权利与义务、排污总量的监控、违约责任与争议的解决等已经由交易双方确认。这次合同的签订为在中国进一步推行总量控制与排污权交易政策控制大气污染建立了良好的示范，并且其规范的合同订立过程也为未来排污权交易的正规化奠定了良好的基础。

## 二、21世纪初我国排污权制度的研究试点发展概况

在南通排污权交易合同签订的同时，中国环境科学院和美国未来公司合作在山西太原市也开始了“$SO_2$ 排污交易制度”的研究与试验，该项目由亚洲银行出资70万美元进行支持，太原市环保局、计委、物价等部门共同参与，涉及排放权的分配、交易原则、监测办法等整套排污权交易的管理体系，有26家 $SO_2$ 排放严重的企业参与示范试点。太原市二电厂2002年不能完成一台机组上的脱硫工程，无法完成 $SO_2$ 排放指标。太原一电厂当年 $SO_2$ 指标有结余，本着自愿的原则，太原二电厂购买太原一电厂配额2130个。此前，太原一电厂脱硫设施虽然削减了 $SO_2$ 的排放量，但面临着脱硫工程高额运行费的制约，通过与太原二电厂的这笔交易，在脱硫运行费上得到一定补助，促进了脱硫工程的正常运行。位于城郊的太原刚玉东山热电公司因同样的原因，购买了位于市区的、经治理有结余的太原重型机械集团公司200个 $SO_2$ 配额。国家有关部门对该项目成果进行了验收，项目总结出了值得推广的排污交易体制框架。

在美国环保协会的协助下，国家环保总局于2002年3月1日印发了环办函［2002］51号文件，确定在山东、山西、江苏、河南、上海、天津、柳州七省市以及中国华能集团公司开展“推动中国二氧化硫排放总量控制及排污权交易政策实施的研究项目”，吹响了排污权交易从个别城市向大范围地区推广的号角。当年6月14日发布《关于二氧化硫排放总量控制及排污交易政策实施示范工作安排的通知》（环办函［2002］188号），要求各示范省、市领导组、技术组要对排污交易政策深刻认识、准确把握、达成共识，在观点和市场化运行机制上大胆实践，要注意建立完善的法规体系，注重基础技术支持工作，建立总量控制和排污交易技术支持体系，建立污染源排放连续监测系统，保证污染源排放数据的准确，使示范工作建立在科学的基础上。

2003年2月，江苏省首先传来捷报，我国首例异地 $SO_2$ 排污权买卖在太仓港环保发电有限公司与下关发电厂两企业之间成交。太仓港发电公司是因苏州市电力需求缺口较大而兴建的一项骨干发电工程，该公司在建设2×

135MW 发电供热机组的基础上，决定再扩建 2×300MW 发电供热机组；在扩建工程启动之初，该公司就采用湿法脱硫新工艺，对扩建发电供热机组进行脱硫治理。尽管该公司新上的发电供热机组脱硫效率可以达到 90%，但由于公司的 $SO_2$ 总量控制指标已没有余量，公司每年仍要增加 2000t 的 $SO_2$ 排放量。下关发电厂装机容量为 250MW，该厂引进先进的治理技术，采用炉内脱硫加尾部增湿活化的工艺，使脱硫效率达到 75% 左右，这样，该厂每年排放的 $SO_2$ 实际量就比环保部门核定的排污总量指标减少了 3000t。面对两个不同地区的发电企业，一个因扩建而将造成排污总量突破上限，一个因脱硫成功而实现了排污总量指标剩余，江苏省环保厅热情牵线，撮合两家企业坐在一条板凳上商谈交易。经过江苏省环保部门的努力和两家企业的几轮协商，这笔 $SO_2$ 排污权交易终于签字成交。按照协议规定，从 2003 年 7 月至 2005 年 7 月，太仓港环保发电有限公司每年将从下关发电厂买回 1700t 的 $SO_2$ 排污权，并以每公斤 1 元的价格，每年向下关发电厂支付 170 万元的交易费用。2006 年以后，双方要根据当时的 $SO_2$ 排污权交易市场行情，再定买卖价格。

几乎与此同时，柳州木材厂和柳州化工集团公司之间已经签订了排污权交易合同，交易的标的为 200t $SO_2$ 排放权，每吨的交易价格为 400 元人民币。这使柳州成为继江苏后又一个出现企业交易的试点城市。河南义马煤气公司与中原黄金冶炼厂也做成了一笔 $SO_2$ 排放权交易，义马煤气公司每年向中原黄金冶炼厂以每公斤 0.6 元的价格购买 900t $SO_2$ 排放总量指标。天津大港发电厂和天津市石化公司热电厂之间也成功地进行了排污交易，天津大港发电厂油改煤工程新增 $SO_2$ 排放量 1000t，以每公斤 $SO_2$ 排放权 0.40 元与天津石化公司热电厂实施排污交易而获得。在山东青岛，在青环环保科技服务中心的撮合下，海晶化工有限公司出售 90t/a $SO_2$ 排放配额给青岛东亿实业公司，交易价格 1200 元/t。从南通和本溪开始尝试排污权交易在中国实现的可能性，到今天各地陆续涌现的交易案例，标志着我国在利用市场机制解决大气污染问题方面迈出了重要的一步。在这一阶段，政策与规则的制定成为重点；制定基础性规则与实现交易同时推进；交易则在国家政策指导下进行。随着排污权交易试点工作的逐步深化，排污权交易在中国开始落地生根，已经成为不争的事实。

作为此次七省市试点工作的一部分，华能集团根据自身需求，在其位于山东、江苏、上海三地的企业中积极进行跨行政区交易。2004 年末，华能南通电厂和华能太仓电厂达成了集团内异地交易的案例。与此前电厂之间成功交易 $SO_2$ 排污权相比，这次交易有其特殊之处。以前的交易多在老新企业之间进行：老的燃煤电厂经过脱硫，使得总量控制指标有了富余；而新建燃煤电厂由于没有总量控制指标，只好通过“买卖”形式，向老厂购买 $SO_2$ 排放指标。而此次交易，发生在两家老燃煤电厂之间，是利用两家老电厂一前一后的治污时间差而进行的排污权“买卖”。华能南通电厂和华能太仓电厂隔江相望，相距80余千米。由于没有烟气脱硫设施，两家电厂的 $SO_2$ 排放总量都突破了“十五”期间核定的总量控制指标，被列入限期治理名单之中。要在“十五”期间完成 $SO_2$ 的减排任务，两家电厂至少需要各上一套烟气脱硫设施。按华能决定采用的德国技术和工艺装备核算，两家的总投资约为4亿元。集团高层研究后提出，先在华能太仓安装两套烟气脱硫设施，与在两地分别建一套设施相比，可以省掉大约1.6亿元的共用设施建设投资；到2008年，再集中资金在华能南通上两套烟气脱硫设施。为了解决2008年之前华能南通无法实现减排计划的问题，华能太仓上马脱硫设施后腾出的 $SO_2$ 富余指标，暂时“卖给”华能南通，从而使两家都能实现“十五”总量控制的目标；并且由于华能太仓地处华能南通的上风向，不仅会明显改善当地的环境质量，而且对仅隔80余千米的南通地区大气环境也十分有利。经过双方商定，每千克 $SO_2$ 排放指标的价格定为2.1元。从2006年起，华能太仓两套烟气脱硫设施发挥效能之后，华能南通当年向其购买5610t的 $SO_2$ 减排指标；而2007～2008年两年，分别再从华能太仓各购买4600t指标。而买回来的这部分 $SO_2$ 指标，华能南通不能使用，只能作为该企业“十五”期间 $SO_2$ 减排的指标。

在华能集团巧用投资安排下属企业进行交易的同时，同样在江苏省，我国排污权交易又跃上了一个新台阶。2001年一次性“购进”6年共计1800t $SO_2$ 排污权指标的南通醋酸纤维有限公司，通过引进先进的环保设施和技术，有效控制了污染物排放，2004年又“卖出”了为期3年共计1200t的 $SO_2$ 排放指标。这次交易的买方是世界500强之一的日本王子制纸株式会社，它计划投资139亿元在南通建设一个特大型造纸项目，尽管计划采用先进的烟气脱硫措施，但每年还要向大气环境中排放790t的 $SO_2$ 污染物。作为一个新建项目，这家会社没有排污总量控制指标，必须通过区域内其他排污企业腾出环境容量，才能建设投产。为此，南通经济技术开发区通过扩大集中供热面积，关停取缔了一批小锅炉，腾出了400t的 $SO_2$ 排放指标，而其余排污指标必须向市场去购买。双方的交易进展顺利而且迅速，于2004年11月份签订合同并一次性付款到位。特别值得一提的是，南通醋酸纤维有限公司当年付出的 $SO_2$ 排放指标购进价是每吨250元，现在的卖出价已经涨到了每吨1000元，南通醋酸纤维有限公司在交易中获得了每吨750元的利润，以卖出量

1200t 保守计算，总利润可达 90 万元。排污权交易的市场利益机制在我国第一次显示出来，将对未来的排污权交易产生不可低估的影响。

继在我国率先做成 $SO_2$ 排污权交易的“买卖”之后，江苏省南通市又在水排污权交易方面取得了重大突破。经过环保局的牵线搭桥，南通市做成了两笔不同形式和类型的水污染物排污权交易，经过一段时间的运行，在 2004 年末顺利通过了检验。第一笔交易为点与点上的“买卖”，卖方是泰尔特染整有限公司，它经过污水处理设施改造，使排放水质达到了国家一级标准，2003 年一年下来，节余了 85t 的 COD 富余指标；买方是位于同一条河流上的南通亚点毛巾染织公司，在企业改制之后急需扩大再生产，但新增 COD 排污指标没有着落，扩产项目迟迟无法投入生产。经过商定，泰尔特染整公司每年“卖给”南通亚点毛巾染织公司 30t COD 排放指标，每吨 1000 元，3 年共计 90t 折合 90000 元一次付清。目前，这笔“买卖”已经成交，并在正常运行。另一笔交易为企业与政府间的“买卖”，南通如皋市 2003 年建起了日处理 2 万吨污水的城市污水处理厂，削减了城市 50% 左右的生活污染负荷；而当地的西东色织厂因生产规模扩大，急需每年增加 30t 的 COD 排污总量指标。经环保部门撮合，政府从削减的生活排污总量中按照每吨 1000 元的价格调剂出 30t COD 排放指标给西东色织厂用于工业生产。这笔“买卖”成交后，西东色织厂扩建项目很快得以投产。

## 三、我国排污权制度省级试点工作的开展

### （一）我国排污权省级试点的开始与覆盖省份

2007 年国务院《节能减排工作综合性方案》，提出抓紧完成 $SO_2$ 排污权交易管理方面行政规章的制定。2009 ~ 2011 年，温家宝总理连续三年在政府工作报告中分别指出“积极开展排污权交易试点”“改革污水处理、垃圾处理收费制度，扩大排污权交易试点”“研究制定排污权有偿使用和交易试点的指导意见”。2011 年 3 月，《国民经济和社会发展第十二个五年（2011 ~ 2015 年）规划纲要》指出：“引入市场机制，建立健全排污权有偿使用和交易制度。”2011 年 10 月，《国务院关于加强环境保护重点工作的意见》（国发［2011］35 号）提出：“开展排污权有偿使用和交易试点，建立国家排污权交易中心，发展排污权交易市场。”2011 年 12 月《国家环境保护“十二五”规划》提出：“健全排污权有偿取得和使用制度，发展排污权交易市场。”2012 年 8 月《节能减排“十二五”规划》（国发［2012］40 号）提出：“深化排污权有偿使用和交易制度改革，建立完善排污权有偿使用和交易政策体系，

研究制定排污权交易初始价格和交易价格政策。”这些国家政策环环紧扣，步步深入，显示了21世纪初排污权制度在我国逐步展开、稳扎稳打的发展过程，也显示了党和政府重视环境问题、支持环境管理措施改革创新的态度和决心。

2007年12月，财政部、国家环保总局批复江苏省在太湖流域开展以水污染物排污指标为主要内容的排污权有偿使用和交易试点，这是财政部、国家环保总局推进排污权制度的又一新的重大举措，拉开了排污权省级工作试点的序幕。批复要求，通过改革主要水污染物排放指标分配办法和排污权使用方式，建立排污权一级、二级市场和交易平台，逐步实现排污权行政无偿取得转变为市场方式有偿使用，推进建立企业自觉珍惜环境，减少污染排放的激励和约束机制，加快太湖流域污染物排放总量削减目标的实现和水环境质量的好转。此项试点主要包括四点内容：一是要建立太湖流域主要水污染物排污权初始价格，将排污指标作为资源实行初始有偿分配；二是2008年在江苏省太湖流域开展化学需氧量（COD）排污权初始有偿出让，建立化学需氧量排污权一级市场，2009年在太湖流域适时推进氨氮、总磷排污权有偿使用试点；三是2008～2010年逐步建成排污权动态数字交易平台，形成太湖流域主要水污染物排污权交易市场；四是研发一批排污总量控制技术和先进管理系统。

接下来的五年里，财政部、环保部和发改委先后批复了天津、浙江、湖北、湖南、内蒙古、山西、重庆、陕西、河北和河南开展排污权交易试点的申请，11个省级排污权工作试点形成。与此同时，上海、山东、贵州、辽宁、黑龙江、北京、四川、云南等地区也自发试行排污权有偿使用和交易工作，截止到2018年底，全国有28个省市开展了排污权实行工作，成立了排污权交易管理机构，开发了集数据审核、指标申购、交易管理、交易买卖、信息发布于一体的交易管理平台及电子竞价平台。

### （二）主要试点省市排污权交易所、排污权交易中心成立情况

随着排污权有偿使用工作的展开，各试点纷纷成立了排污权交易所或排污权交易中心，进一步推动了排污权有偿使用工作。从交易业务地域范围来看，目前已有的排污权交易所、排污权交易中心可以分为以下几类。

（1）面向市区县内。2007年11月10日，浙江嘉兴市建立了国内首家排污指标储备交易中心；2009年8月16日，昆明环境能源交易所正式挂牌成立，成为西南第一家交易所，同年11月，江苏常州市成立了江苏省第一个排

污权交易中心；2011 年 4 月，广东佛山南海区筹建华南首个环境能源交易所。

（2）面向全省。2008 年 11 月 28 日，华中第一家交易所——湖南省环境资源交易所成立；2009 年 3 月 27 日，湖北环境资源交易所在武汉成立，12 月 25 日，重庆成立主要污染物排放权交易管理中心，下挂重庆联合产权交易所；2010 年 6 月和 9 月，陕西省和深圳分别成立了陕西省环境权交易所和深圳排放权交易所；2011 年 3 月 18 日，青海环境能源交易所有限公司挂牌成立；紧接着 7 月 15 日，内蒙古自治区也成立了排污权交易管理中心。

（3）面向全国。2008 年 8 月 5 日，北京环境交易所、上海环境能源交易所同日成立，紧接着 9 月 24 日，天津排污权交易所成立。

目前，国家正在酝酿成立国家级区域性排污权交易所。

### （三）排污权试点工作遇到的主要困难和问题

各地试点百花齐放，做法各异，在市场基础和思想认识、管理机构和管理模式、交易机构和交易模式、开始时间和步子快慢、有偿使用与交易开展次序和关系处理、交易价格标准和有偿使用费用标准确定依据、排污权期限和使用权限、排污权数量配置方式、排污权储备和结余管理、排污权工作覆盖行业和范围、排污权相关文件制度齐全程度和出台部门等方面都存在一些不同。这是试点的必然结果，也是试点的应有结果；只有做法不同，才能真实反映这种制度的优劣，才能找到最适合国情的有效途径和措施。

当然，正是因为这种试点，也暴露出一些问题，需要尽早解决以促进试点工作能顺利进行下去，主要包括以下几个方面。

（1）尚无全国统一指导和规范，法律地位不明确，缺乏全国性法律文件的支撑，工作推进依据不明，使得试点工作遇到了一定阻力。

（2）交易量小，地方和企业惜售，市场不够繁荣。为了工作便于开展，多数地方采取交易先行，从新企业准入环节开始——交易市场多，交易企业少，数量尚不足以支撑市场；交易收入收归财政，企业缺乏积极性，利益引导作用不能发挥，企业普遍惜售；减排形势严峻，经济发展对环境压力大，地方对排污权指标有囤积惜售心理，跨地区交易难以实现；市场冷清影响社会认知、企业认知和工作人员信心，影响排污权制度的发展和作用发挥。

（3）排污权与行政性减排任务的关系不清晰。排污权制度必须配套严格的总量控制和超排禁止、超排严惩制度，但目前执行状况不尽如人意，而行政性减排任务比较硬，排污权依附于排污许可证并且没有法律依据，各省对于企业能否以排污权指标拒绝行政性减排任务的做法不一。

（4）排污权储备及其与财政支付的关系需要界定。排污权具有明确的财产性，其总量、发放量和留储量由哪个部门测算决定？关停破产企业结余排污权应纳入清算资产还是无偿收回？企业有偿获得排污权后能否退还，是否只能市场变现？管理部门进行公开市场买卖以调控环境质量，资金何来？这些试点中的问题需要尽早研究。

（5）一些技术性问题，包括价格制定、数量测算、期限设置、储备管理、跟踪监测、执法管理等，亟待解决。

# 第三章　河北省排污权试点工作的准备和启动

企业生产产生的污染物或污染因素，进入环境的量，超过环境容量或环境自净能力时，就会导致环境质量恶化，出现环境污染。环境污染带来的外部效应属于一种负的外部不经济性。产生污染的主体在其生产和消费活动中没有支付造成污染的成本，商品或服务的价格并不反映生产这一商品或服务所需资源的全部边际社会成本，如一些化工企业，在生产中会产生有害废气，但企业为了节约成本，在没有管制的情况下，将其污染物排入大气环境中，结果污染了空气，给居民的健康造成了危害，引起各种疾病，使居民的消费支出增加，福利受损，但这些企业并没有向受害居民支付补偿。而这种企业成本的节约是以造成社会危害为代价的，社会要为此支付外部成本。因此，治理环境污染，真正实现污染者付费，应从源头上对排放污染物的企业抓起。只有通过市场机制，借助合适的经济措施，使企业排污行为的负外部性内部化，才能实现社会福利最大化。

## 第一节　河北省排污权的早期研究和试验

### 一、河北省排污权的早期研究情况

河北省工业基础偏重，钢铁、火电、水泥、陶瓷、玻璃、制药等高能耗高排放产业较为典型，环境污染形势严峻，理论研究和实践工作中对环境污染防治比较重视。1999 年中美签署利用市场手段实现污染物排放总量控制合作协议备忘录后，河北省的排污权研究广泛开展起来。2002 年，陈安国在《石家庄经济学院学报》发表《排污权交易的经济分析》；2003 年，黄桂琴在《河北学刊》发表《论排污权交易制度》；2003 年，耿世刚在《中国环境管理干部学院学报》发表《排污权的产权性质分析》；2004 年，李利军、李艳丽在《经济论坛》发表《环境问题的排污权调整思路》；2005 年，张玉棉、田大增在《河北学刊》发表《科斯定理与异地“排污权”交易案》；2005 年，李利军、李艳丽在河北人民出版社出版专著《排污权交易市场建设研究》；

2006年2月，时任河北省社科院副院长的孙世芳研究员在《理论探讨》发表《构建排污权市场　推进可持续发展——读〈排污权交易市场建设研究〉》，对该部专门研究排污权的专著给予了很高评价。此后，到河北省获批省级排污权试点工作前，河北省众多学者，如郭平、孟喆（2005年），穆红莉、马慧景（2005年），高桂林、焦跃辉（2005年），郭志伟（2006年），安建华、李永刚、秦宏普（2006年），崔长彬、马仁会（2008年），龚丽肖（2008年），张清郎（2008年），张艳丽（2009年），王育红（2009年）对排污权展开了深入研究。

## 二、河北省排污权的早期试验

在理论研究的同时，河北省环保部门积极开展了排污权的试验试行工作。自2008年起，河北省已经开始了对排污权有偿使用和交易的研究工作及水污染物化学需氧量总量控制工作。保定市蠡县、满城县和唐山市较早开展了排污权交易试验工作。

2008年4月，保定市蠡县出台了《蠡县涉污行业污染物排污权交易办法》，成立了排污权储备交易中心；5月，保定市满城县在造纸行业中启动排污权交易试点工作，出台了《造纸行业污染物排污权交易办法（试行）》，建立了交易储备中心和交易平台，以招标和挂牌拍卖、固定价格等形式，在造纸企业整合中实施化学需氧量和二氧化硫排污权交易。

唐山是河北省重工业重镇，结构性污染比较突出。2008年8月，唐山市启动了排污权交易模式研究工作，在对国内排污权交易试点城市进行考察学习的基础上，开展有针对性的政策研究工作，对唐山市排污权交易的模式、程序、指导价格等进行研究，为开展排污权交易提供理论和技术支撑。2009年8月，唐山市开始试行排污权交易。2009年12月，唐山市注册成立污染物排放交易所，注册资本1000万元，为国有独资企业。2010年11月，唐山市颁发《唐山市主要污染物排污权交易办法（试行）》。自2009年8月开始到2011年5月财政部、环保部批复河北省开展排污权试点的大约一年半内，唐山市成功完成排污权交易46例，交易金额达到2042.5792万元。其中，二氧化硫交易项目32个，交易总量4434.4t，交易金额1558.206万元；化学需氧量交易项目14个，交易总量为1410.332t，交易金额为484.3732万元。

唐山市排污权交易遵循实用和效率优先的原则，简化交易程序，按照“减排量收储，上项目买量”的原则建立交易模式。在研究排污权交易价格、污染治理成本、交易条件和交易模式的基础上，出台了排污权交易办法，要求全市新建、扩建、改建项目的新增排污权必须通过排污权交易取得，进行了众多交易实践。唐山市的排污权交易试验工作对河北省排污权交易提供了经验。

## 第二节　河北省排污权工作思路和试点的确立

### 一、河北省排污权试点工作的基本思路

排污权有偿使用与交易工作有利于促进污染减排和环境保护、提高环境资源配置效率，实现建设生态文明、构建资源节约型和环境友好型社会的要求。在制定排污权有偿使用与交易各项工作方案的过程中，根据《国务院办公厅关于印发2009年节能减排工作安排的通知》及《河北省主要污染物排放权交易管理办法（试行）》关于排污权有偿使用与交易的一系列方针政策，河北省在认真总结省内排污权有偿使用与交易各项工作成果、借鉴国外及外省的成功经验的基础上，将排污权有偿使用与交易工作的基本思路总结为十六个字“政策导向、经验借鉴、试点先行、两头兼顾”。

#### （一）继续以国家方针政策为导向，以节能减排为目标，推动排污权试点工作前进

自1983年召开的第二次全国环境保护会议，把环境保护确立为基本国策以来，党和国家反复强调要把节能减排、环境保护问题放在构建和谐社会主义社会的突出位置。十七大明确指出要正确处理环境保护与经济发展的关系，把环境保护作为经济发展的题中应有之意，使两者从对立走向和谐，使环境保护工作由被动变为主动。国家环境保护“十二五”规划也制定了进一步的减排目标。为了实现环境保护和节能减排的目标，河北省各级政府应积极贯彻国家各项方针政策，进一步提高对排污权有偿使用与交易工作重要性的认识，统筹兼顾，突出重点，狠抓落实，着力解决排污权有偿使用与交易制度制定过程中存在的突出问题，努力实现排污权有偿使用与交易工作的贯彻执行与落实。

排污权有偿使用与交易制度的制定，虽然有政策方针的支持，但是目前还没有具体的法律法规作指导。目前提出可以试点探索排污权交易制度的规范性文件，只有2005年国务院发布的《关于落实科学发展观加强环境保护的决定》、2007年国务院发布的《节能减排工作综合性方案》和《国家“十一五”环境保护规划》、2009年的中央政府工作报告和《中华人民共和国国民

经济和社会发展第十二个五年（2011～2015年）规划纲要》，而正式系统的法规渊源缺失。由于相关法律和法规的缺乏，排污权有偿使用与交易制度的制定与推行都会存在一定的困难。虽然存在困难，但是作为有效实现节能减排目标，达到环境保护作用的重要手段，排污权有偿使用与交易工作必须推行。

### （二）借鉴经验，开拓思路，制定一系列有河北省特色的排污权有偿使用与交易机制

自1987年上海市闵行区开展了企业之间水污染物排放指标有偿转让的实践起，财政部和环保部先后批准了10个排污权有偿使用和排污交易的试点省市，同时还有一批自发试行排污权交易的省市。“他山之石，可以攻玉”，研究创建河北省的排污权有偿使用与交易制度，有必要首先了解一下其他省市现行的排污权有偿使用与交易机制和发展的概况，取其精华去其糟粕，为探索适合河北省实情的排污权有偿使用与交易模式提供经验。江苏、湖北、重庆、浙江等省市排污权实践工作开展得较早，并积累了一些宝贵的实践经验及失败教训。如何正确处理和把握外省的先进经验与河北省的具体情况之间的关系，把外省的先进经验与河北省具体情况相结合，建立具有河北省特色的排污权有偿使用与交易制度，也是目前建立河北省排污权有偿使用与交易制度研究的热点问题。

借鉴外省先进的成功经验，首先要把握国家各项相关的方针政策，以政策相关规定为导向。《国家“十二五”规划纲要》《国务院关于加强环境保护重点工作的意见》和《国家环境保护“十二五”规划》均提出了积极实施各项环保减排任务指标及开展排污权有偿使用和交易试点的要求。自2010年中央政府工作报告提出“扩大排污权交易试点”的要求以来，环境保护部与财政部联合在天津市、江苏省、浙江省、湖北省和湖南省等5省市开展了排污权有偿使用与排污交易试点工作，对加快运用市场机制推进污染减排工作进行了积极探索，并取得了一定成效。同时也发现，由于缺乏指导和认识不足等原因，各地排污交易形式五花八门，需要中央政府在系统总结试点工作经验、深入分析政策障碍的基础上，制定了《关于加快推进排污权有偿使用和排污交易工作的指导意见》（以下简称《指导意见》），加强对地方试点工作的指导。为此，环境保护部和财政部于2009年3月正式启动了《指导意见》的制定工作。《指导意见》从政策的总体定位、职责分工、指标分配与管理、有偿使用价款管理、交易程序、交易税收优惠政策、实施保障措施等方面进行了系统设计，明确了我国下一步主要污染物总量控制制度、排污权有偿使

用与排污交易制度的框架体系、工作目标和工作方向。

借鉴外省先进的成功经验，同时要结合河北省的具体情况。作为《国家环境保护“九五”计划和2010年远景目标》附件1的《“九五”期间全国主要污染物排放总量控制计划》，明确提出要根据不同时期、不同地区的情况，制定相应的控制指标。从地理角度来看，河北省位于华北平原，兼跨内蒙古高原，全省内环首都北京市和北方重要商埠天津市，东临渤海。西北部为山区、丘陵和高原，其间分布有盆地和谷地，中部和东南部为广阔的平原，海岸线长487公里；从经济发展角度来看，河北省目前已经形成五大经济区各领风骚的结局，即冀东经济区包括唐山、秦皇岛，环京津经济区包括保定、廊坊，张承经济区包括张家口、承德，冀中经济区包括石家庄、沧州、衡水，冀南经济区包括邯郸、邢台，并从各经济区占全省GDP比重、产业的趋同性特色、区域内各增长极的天然地理位置等角度进行了具体化的统计和研究，指出五大经济区的各自特点是：（1）冀东经济区是我国的重要能源、原材料基地，又是华北地区重要的出海口。（2）冀中经济区是河北省政治、经济、文化中心，医药、化工、机械、电子等都有一定的优势。（3）冀南经济区也是一个重要的能源、原材料基地，又有晋、冀、鲁、豫四省交界中心市场。（4）环京津经济区以服务京津和接受京津辐射的形式形成了蔬菜、副食基地，高新技术疏散地和区域性中心市场。（5）张承经济区则形成了以旅游、畜牧、食品和边贸中心市场为优势的区域。从上述分析可以看出，前三者产业结构的趋同较为严重，在如此近距离的地域内，这种特征若以市场的角度而论不应是健康或良性的；而后两者的产业特色确为独到，但关键的问题是还没有形成适度的经济规模。

在制定排污权有偿使用与交易制度时，地理环境及各地市的经济发展情况都是要考虑的必要因素。生态环境工作与经济发展、社会进步相辅相成，生态环境保护做得好，经济发展才有后劲，经济发展的成果才有保障，人民群众的生存环境才能不断得到改善，经济发展与环境保护既对立又统一。两者关系处理得好，相互促进，相得益彰；处理不好则一损俱损。因此，在制定排污权有偿使用与交易制度时，要在借鉴其他省市成功经验的同时结合河北省具体的情况，力求实现环境与经济的协调发展。

### （三）试点先行，积累经验，稳步推进河北省排污权有偿使用与交易工作

在排污权有偿使用与交易工作开展之前，应首先明确排污权有偿使用与交易制度的具体适用范围及其所涉及的污染物种类。2009年中央政府工作报

告中明确提出“积极开展排污权交易试点”；2010 年中央政府工作报告进一步提出“扩大排污权交易试点”的要求；2011 年中央政府工作报告中指出要“研究制定排污权有偿使用与交易和交易试点的指导意见”；2012 年中央政府工作报告中提出要“开展碳排放和排污权交易试点”，明确了我国开展排污权交易的总体政策安排。排污权有偿使用与交易制度推行应该循序渐进，稳步推进，综合考虑河北省的具体情况及方案可行性，确定排污权有偿使用与交易所适用的行业；否则，在经验不足的情况下进行全省各行业统一推行，不仅会带来实施上的困难，而且不利于各地区的经济发展。在确定排污权有偿使用与交易所涉及的污染物种类时，一方面要根据国家的相关规定及外省排污权试点工作开展情况，另一方面也要结合河北省各地市具体的经济发展和地域特征。

山西省、陕西省和内蒙古自治区排污权有偿使用与交易工作是从省到市到县，“自上而下”的模式推进工作。而浙江省排污权有偿使用与交易工作采用“自下而上”的模式进行，工作的主要特点是先点后面和有序推进。江苏省由于水域丰富，水域污染情况亟待解决，所以以太湖流域为试点进行排污权有偿使用与交易的工作；湖南省则选择长沙市、株洲市和湘潭市为试点进行排污权有偿使用与交易工作的推广；湖北省主要以武汉市城市圈为试点进行推广。长沙、株洲、湘潭三市实行的排污权有偿使用与交易范围包括：化工、石化、火电、钢铁、有色、医药、造纸、食品、建材等九个行业。大部分省市排污权有偿使用与交易的污染物基本上包括化学需氧量、氨氮、二氧化硫、氮氧化物。2011 年 5 月，财政部、环保部批准河北省为全国排污权有偿使用和交易试点省，同意河北省“以电力行业为试点，重点开展二氧化硫和氮氧化物的排污权有偿使用和交易；以沿海隆起带（主要包括秦皇岛、唐山、沧州三市）为试点区域，重点开展化学需氧量和二氧化硫排污权有偿使用和交易”。《河北省生态环境保护“十二五”规划》指出，全省化学需氧量、氨氮、二氧化硫、氮氧化物排放总量分别减少 10.4%、13.8%、14.3%、15.5%，重点行业产排污强度明显降低，城乡环境质量明显改善，生态环境总体恶化趋势得到基本遏制。根据该《规划》要求及河北省的实际情况，排污权有偿使用与交易主要污染物应该由二氧化硫和氮氧化物扩大为化学需氧量、氨氮、二氧化硫、氮氧化物，以满足河北省“十二五”规划的减排目标。根据河北省各行业发展不平衡及排污权有偿使用与交易工作实践经验不足的情况，排污权有偿使用在河北省全行业推行必然有一定难度。参考其他省市经验并结合河北省各行业实际情况，首先选取污染物排放量较大的行业进行试点推行，积累经验，循序渐进，逐步在各行业推广。因此，排污权有偿使用与交易工作应该从河北省污染最为严重的四个行业：印染、水泥、火电、造纸四个行业开始推广。这样既能达到明显节能减排的效果，又能积累经验，发现不足，不断地完善河北省排污权有偿使用与交易制度。

## （四）节能减排与企业发展两头兼顾，大力推动环保与经济协调发展

排污权有偿使用与交易制度的实施，意味着政府发放的排污许可证将从“无偿”变为“有偿”。企业会认为自身负担增加，可能会产生一些负面情绪，降低企业的投资积极性，从而影响各地经济发展。

在排污权有偿使用与交易制度制定过程中应充分考虑各地市工业化水平。一般来说，工业发展水平的提高主要表现为工业生产量的快速增长，新兴部门大量出现，高新技术广泛应用，劳动生产率大幅提高，城镇化水平和国民消费层次全面提升。虽然与传统工业化的高排污、简单生产模式相比，高新工业化企业在整体上提高了资源利用率、减少了污染物的排放，但是高新工业化企业由于生产模式及生产技艺等方面的不同也区分高污染与低污染两种情况。无论在哪种情况下，由于该类企业的技术水平较高，较传统工艺来说其产量会大幅度增加，生产规模及数量的扩大必然导致污染物排放的增加。

因此，在工业化发展程度较高地区污染物排放量会比工业化程度低的地区高一些。为了将工业化发展程度较高地区的污染物的整体排放量控制在空气容量范围内，应该适当提高该地区的排污权有偿使用与交易的价格及严格控制其配售数量。而对于工业化水平较低的企业，其经济发展水平等各方面相对落后，较高的排污权有偿使用与交易价格及较少的配售数量会在一定程度上增加当地企业的负担，激起企业不满，影响投资者的投资欲望，这样不利于落后地区的经济发展和缩小两极分化。

国际上衡量工业化程度，主要经济指标有四项：一是人均生产总值，人均GDP达到1000美元为初期阶段，人均3000美元为中期阶段，人均5000美元为后期阶段；二是工业化率，即工业增加值占全部生产总值的比重，工业化率达到20%～40%，为正在工业化初期，40%～60%为半工业化国家，60%以上为工业化国家；三是三次产业结构和就业结构，一般工业化初期，三次产业结构为12.7：37.8：49.5；就业结构为15.9：36.8：47.3；四是城市化率，即为城镇常住人口占总人口的比重，一般工业化初期为37%以上，工业化国家则达到65%以上。为了解释工业化水平的区域差异，本文以人均GDP、工业化率、三次产业结构及城市化率为变量，分析经济发展水平对排

污权定价的影响。

## 二、河北省排污权有偿使用与交易工作的基本原则

国家和河北省近年来颁布了多项与排污权有关的方针政策，经过多年的理论研究和实践探索，已经逐渐形成了一些贯穿在各项排污权方针政策之中，体现河北省排污权有偿使用与交易的精神本质的基本原则。一般说来包括以下五方面基本原则。

### （一）注重公平

自然资源的公共性和不可替代性及其在生态系统中至关重要的地位，使得排污权有偿使用与交易制度的建立不能抛弃公平原则而仅仅以效率为标准。在自然资源保护和开发利用的总体规划以及具体的程序上，均应当综合考虑，体现公平原则。排污权的初次交易应该在政府的指导下，运用宏观调控制度和社会分配制度，以有偿使用为原则建立公平体系，正确处理环境保护与经济发展的关系，确保河北省各地区经济、环境的协调发展。总之，社会公平原则是一种追求最大部分社会成员福祉的公平观，强调针对不同情况和不同的人予以不同的调整，以谋求河北省各地的协调和稳定，实现全省整体经济利益和环境质量的共同进步。

在排污权有偿使用与交易制度的建立过程中应该认识到公平原则的重要性，公平原则应该贯穿整个排污权有偿使用制度。

考虑各地市不同的发展情况，区别对待，拉动全省经济均衡发展。河北省各地市经济发展不均衡，对于经济发展较快的城市排污权初次配售的价格可以相对较高；对于经济相对落后的地区，排污权初次配售的价格应该相对较低。这种差异不代表排污权初次配售偏离了“公平”的航道，相反，对于经济发展相对较慢的地区实施较低的排污权有偿使用价格，一方面是考虑当地企业的承受能力，在不影响企业的生存发展的情况下实施排污权有偿使用工作；另一方面是增加经济发展缓慢地区对投资者的吸引力。通过这两方面，推动当地经济发展，缩小河北省各地市间的贫富差距，最终实现真正的公平。

针对不同行业排污量的不同，区别定价。不同行业在生产过程中其排放的污染物种类、资源利用率及污染物排放量往往存在一定的差异性。为了促使各行业的协调发展，应该综合分析各行业的生产及污染物排放情况。对于资源利用率低污染物浓度高的行业应该制定相对较高的排污权初始分配价格，促使该行业进行减排技术改革，减少排污量，提高资源的利用率。初始排污

权有偿使用的数量分配模式的选择既要考虑环境资源配置的效率性，又要体现各地区的具体情况。有偿使用的数量分配模式应达到限制落后、惩罚落后、鼓励先进的效果，促使一些高能耗、高污染的企业可以积极引进环保技术，加大环保设施的投资，采取有效的减排措施。另外，在排污权有偿使用的配置中也应该考虑各地具体的发展水平，对于经济发达地区要给予一定的帮助政策，最终实现经济环境的和谐发展。根据企业生产规模的不同，排污权初次配售应采用公平的数量配置方法。在排污权初次配售的数量配置过程中，应该充分考虑企业的生产规模。对于生产规模较大的企业排污量也会比生产规模小的企业要高一些，要给予其相对较多的排污权有偿使用指标。如果对于规模不同的企业配置相同的排污权指标，小企业排污量一般明显小于大企业排污量，大企业就只能高价购买小企业多余的排污权，就会加重大规模企业的生产负担，不利于企业发展。对于规模较小企业，其得到的排污权数量远远大于其排污量，这会大大降低企业进行减排技术改进的积极性，明显这种分配方式是有失公平的。因此，在排污权初次配售的数量配置过程中应该考虑企业规模，进行公平配售。

排污权有偿使用程序应该坚持公平原则，提高企业参与的积极性。为了确保排污权初次配置公平的进行，应该建立一套合适的账户登记与管理系统。该系统应该是企业在排污权有偿使用交易中的媒介，企业可以通过这个系统进行公平、公开、快捷、方便的排污权许可证的交易。有了科学的账户登记与管理，应该建立一套合理的配售程序，以确保排污权有偿使用分配的公平和秩序。该程序必须保证每个参与者公平公开的进行交易，使交易成本保持在一个较低的水平。

### （二）总量控制

在排污权初次配售时，必须考虑中国现行的环境管理制度，与现行的有关制度相结合。1996 年 9 月 3 日，国务院批复（国函［1996］72 号），原则同意《国家环境保护“九五”计划和 2010 年远景目标》。对于作为该《计划和目标》附件 1 的《“九五”期间全国主要污染物排放总量控制计划》，国务院要求，要根据不同时期、不同地区的情况，制定相应的控制指标；要抓紧制定污染物排放总量控制指标体系和管理办法，建立定期公布制度（国务院，1996 年）。

污染物排放总量控制（简称“总量控制”）是将某一控制区域（例如行政区、流域、环境功能区等）作为一个完整的系统，采取措施将排入这一区域的污染物总量控制在一定数量之内，以满足该区域的环境质量要求。总量控制应该包括三个方面的内容：（1）污染物的排放总量；（2）排放污染物的地域；（3）排放污染物的时间。因此，总量控制是一种控制一定时间、区域内排污单位污染物排放总量的环境管理手段。与过去使用的浓度控制相比，总量控制具有鲜明的特点和优势：在管理对象方面，总量控制管理的对象是企业，是对污染源的整体控制，即总量控制只控制企业的排放总量，而不规定每个污染源的排放总量，这样就大大地增加了可行性，降低了成本。另外，总量控制指标是可分的，排污单位拥有的就是单位总量控制指标。在污染源差异方面，不同污染源削减污染物的边际费用往往有相当大的差别。在排污权价格高于改进减排技术的费用时，企业就会主动增加投资，改进减排技术，积极选择成本较低的排污权削减方案；在排污权价格低于改进减排技术的费用时，企业就会相应地将资金投入到排污权的购买上。排污单位可以自主选择是改进减排技术还是购买排污权，这样既能将总的污染物排放量控制在一定范围，又能满足企业的发展需要。

作为以控制一定时间、一定区域内污染物排放总量为核心的环境管理方法体系，“总量控制”是遏制环境恶化、实现可持续发展的根本保证，也是目前和今后环境保护的主要手段。在确定总量分配和配额分配时必须对国家规定的总量控制计划予以重点考虑，不允许超出国家对河北省污染物排放的总量控制指标。目前大气污染物总量控制的方法主要为3种：*A-P*值法，平权削减法和优化分配法。各种方法都存在优越性与不足。总的说来，*A-P*值法简单方便，可操作性强，便于宏观规划管理，但结果准确度不高，独立使用与城市大气总量控制时，只能是一种基础性的宏观控制，不适宜作为控制城市污染源达到大气环境质量目标的方法。平权削减法基于城市多源模式，科学依据更强，对各污染源来说也比较公平，但宏观上不具备优化特征，实施起来效果不佳。优化分配法在理论上最优，较为科学合理，但其计算结果对于各污染源来说可能造成不公平现象。我们应该从实际出发，找出相对来说可行性较高，成本较低的方法。最终使河北省企业排污量之和不超出总量控制，满足国家的节能减排目标。

总量控制是改善环境质量、实现可持续发展的重要途径，是我国环境管理基本制度之一。总量控制是将河北省的各地市作为一个完整的系统，将河北省各个地市污染物总量控制在一定数量之内，以满足各地市及国家的环境质量要求。环境容量与排污许可证有着密切的关系，排污许可证以改善环境质量为目标，以污染物排放总量控制为基础。只有确立了总的环境容量，才能对排污量进行计量，并在此基础上进行分割，形成排污权。排污权有偿使用量应以环境容量为基础，根据各地的具体情况制定合理的初次配售方案。

### （三）严格监控

每个企业的目的是最大化其利润。如果企业所拥有的排污权数量远远不能满足其排污的需要，则企业有三种选择：一种是进行污染物处理，另一种是从市场上购买更多的排污权，第三种是超标排污。前两种都要花费成本，所以第三种选择对于企业来说是具有诱惑力的。但超标排污会导致环境质量的恶化，而大量的超标排污更有可能带来无法预料的后果，显然管理部门不愿意见到这种情况发生。为了控制超标排污的情况，管理部门必须采取某种监控机制，对企业的排污行为进行监督。一旦发现超标排污，则对该企业采取严厉的惩罚手段，使得企业在选择超标排污行为时面临一定的风险，从而降低其超标排污的积极性。惩罚手段可以包括罚款、通报甚至停产整顿等多种方式，所收取的罚款既可以用来对超标排污带来的环境破坏进行补救，也可以用作管理甚至诉讼等其他费用。

加强排污权有偿使用与交易的行政监管。行政监管可以根据企业的违规行为的变化情况及时而又灵活地制定针对性的法规来阻止和惩罚这些违规行为。因为行政监管是政府机构依据法律授权，通过制定规章、设定许可、监督检查、行政处罚和行政裁决的行政处理行为对社会经济个体的行为实施的直接控制，行政监管具有一定的主动性和预见性。因此，应设立排污权有偿使用与交易的行政监管机构，并授予其主动执法权力，这些权力包括对违规违法行为发出禁止令的权力、监督排污权有偿使用与交易参与者各种市场活动的权力、进行行政处罚的权力等。行政管理一方面可以增加对排污权有偿使用与交易活动过程中的违规行为的威慑力，减少违规行为；另一方面行政管理对排污权有偿使用与交易参与者的自律监管组织发挥着引导和监督作用。

完善企业排污量的跟踪监测系统。排污权有偿使用与交易情况跟踪监测就是时时将企业排污权账户上的有效排污权数量与实际排污量进行对比，及时冲消消耗掉的排污权，在排污权存量低于一定数量时发出预警，防止企业超排污权排放，保证总量控制目标的实现。以节能减排为目标的排污权有偿使用与交易工作的核心是对污染物排放量的控制，因此对排污权有偿使用与交易的检测也是排污权初次配置过程中的重要环节。现行的污染源排污量核定方法名目繁多，概括起来主要有实测法、物料衡算法和类比法 3 种。这三种核算方法都有一定的限制条件，因此在选择过程中应综合考虑其可行性及成本效率等各方面因素。合理的测定方法可以使人们对排污权的价值确立较高的信任度，并且愿意把它当作商品进行交易。一套精确完善的排放检测方法可以很好地提高交易市场的效率。在对排污权有偿使用与交易检测系统的过程中要注意选择精确完善的方法，同时也要考虑我国技术水平的有限制性。我们应该综合这两方面因素，做出较优的排污权有偿使用与交易的检测系统，并随着技术的不断发展逐步完善，使其能够为排污权的初级市场和流通市场的健康发展和可持续发展战略的实现奠定坚实的基础。

通过行政监督及日常的连续自动排放监督系统对排污企业的排污权使用情况严格监控，一旦发现超标排污，则对该企业采取严厉的惩罚手段，使得企业在选择超标排污行为时面临一定的风险，从而降低其超标排污的积极性。惩罚手段可以包括罚款、通报甚至停产整顿等多种方式，所收取的罚款既可以用来对超标排污带来的环境破坏进行补救，也可以用作管理甚至诉讼等其他费用。

### （四）新老有别

一般来说，新办企业和企业新、改、扩建项目可以通过向环境保护部门按标准申购其预留的排污权。预留的排污权要优先保证国家产业政策鼓励和河北省优先培育发展产业的企业，而老企业可以在之前无偿领取的排污权到期后向环境保护部门按标准有偿申购排污权。如果新老企业采用一致方式，统一收费，可能导致之前拥有无偿使用排污权的老企业突然增加负担，影响政府信用，激起企业意见，不利于排污权有偿使用的推广。对于之前无偿发放给老企业的排污权有效期的认可，不仅有利于排污权有偿使用工作的逐步推进，而且有利于老企业可以积极引进环保技术，加大环保设施的投资，采取有效的减排措施，从而降低在排污权方面的费用支出。对于企业新、改、扩建项目直接采用“一刀切”的方式，统一施行排污权的有偿使用，加快排污权有偿使用制度的推行，而且规定有利老污染源实行排污权有偿使用，充实排污权交易市场。

### （五）灵活收费

从经济学角度来看，自然环境不但是人类直接赖以生存的资源，同时也是人类进行生产活动、改善生存条件的最基本资源。环境对生产活动的参加，不仅体现为直接或者间接地为生产提供原材料、能源和其他必需的资源，还体现在它对生产活动所释放出来的气态、液态、固态的废弃物进行接纳、吸收和分解处理等方面。企业把不属于自己专有的广域环境无偿作为自己排放物的“仓库”，在有失基本公平的同时，也损害了其他人对环境的拥有和利用，同时无法达到生产的帕累托最优状态。

因此，排污权初次配置必须由“无偿”变为“有偿”。为了维护社会公平，同等规模同等类型的企业收费标准也应该相同。从收费公平的角度出发，应该考虑企业发展的具体情况，制定不同的收费方式。在不失公平的前提下，从企业的角度考虑，企业在不同时期的发展战略不同，对资金链的需求也不同，应该制定灵活的收费方式，以适应企业各阶段的发展需求。对于有效期较长（如五年期）的排污权可以采取按年度分期收费，也可以根据市场利率及企业的信誉制定贴现率，使企业在资金充足或者经营策略要求的情况下，可以一次性付清排污权有偿使用的全部款项。这种一次性付费给予的优惠政策并不违反排污权初次配置的公平性要求，这种优惠政策是基于货币的时间价值。货币的时间价值（Time Value of Money）这个概念认为，目前拥有的货币比未来收到的同样金额的货币具有更大的价值，因为目前拥有的货币可以进行投资，在目前到未来这段时间里获得复利。即使没有通货膨胀的影响，只要存在投资机会，货币的现值就一定大于它的未来价值。因此，对于一次性付清全部排污权有偿使用款项的企业，根据市场利率及企业的信誉情况给予一定的优惠也是公平性的体现。

## 三、河北省排污权基础政策的制定

在保定、唐山等地研究试验排污权制度的同时，河北省积极开展排污权理论研究，考察学习江苏、浙江、上海等省市的试点工作经验，总结分析河北省早期试验的经验教训，组织人员研究起草排污权制度的基本规则。

2010年12月28日，河北省人民政府印发了《河北省主要污染物排放权交易管理办法（试行）》（冀政［2010］158号），在全省范围内推行排污权交易工作。根据该《办法》，建设项目需要新增主要污染物年度许可排放量的，必须通过交易取得；要求2011年5月1日起，在满足环境质量要求和主要污染物排放总量控制的前提下，主要污染物排放权转让方和受让方可以在交易机构，对依法取得的主要污染物排放权进行公开交易。

2011年2月，根据《河北省主要污染物排放权交易管理办法（试行）》（冀政［2010］158号）第二十条的规定：主要污染物排放权交易一般采取电子竞价、协议转让以及国家法律、行政法规规定的其他方式，河北环境能源交易所印发了《河北省主要污染物排放权交易电子竞价规则（试行）》，用以规范主要污染物排放权交易电子竞价行为，以利于交易双方公平合理交易价格的形成。

## 四、河北省排污权工作试点的批复

2011年5月11日，河北省排污权试点工作的申请得到了财政部、环境保护部的批复，河北省成为我国第10个获准的省级排污权工作试点省。

《财政部、环境保护部关于同意河北省开展主要污染物排污权有偿使用和交易试点的复函》（财建函［2011］21号）全文如下：

河北省人民政府：

你省《关于请将河北省列为全国排污权交易试点的函》（冀政函［2011］64号）收悉。经研究，现函复如下：

一、原则同意你省以电力行业为试点行业，重点开展二氧化硫和氮氧化物的排污权有偿使用和交易；以沿海隆起带（主要包括秦皇岛、唐山、沧州三市）为试点区域，重点开展化学需氧量和二氧化硫排污权有偿使用和交易。

二、试点工作要以环境容量和污染物排放总量控制为前提，以建立充分反映环境资源稀缺程度和经济价值的环境有偿使用制度为核心，以促进污染减排、提高环境资源配置效率为目标，通过改变主要污染物排放指标分配办法和排污权使用方式，建立健全排污权交易市场，逐步实现排污权由行政无偿取得转变为市场方式有偿占有，推进形成既符合市场经济原则，又充分反映污染防治形势的环境保护长效机制，实现环境资源的优化配置。

三、请你省切实加强试点工作的组织领导，抓紧制定完善相关配套政策，加快启动和推进试点工作，并将试点工作进展情况及时报送财政部、环境保护部备案。

## 五、河北省排污权服务机构的设立和出让金管理规则的设立

为贯彻落实《河北省主要污染物排放权交易管理办法（试行）》和《财政部、环境保护部关于同意河北省开展主要污染物排污权有偿使用和交易试点的复函》，加快以污染减排促经济发展方式转变，完善环境资源价格形成机制和污染减排长效机制，规范和推进全省排污交易工作，针对当前河北省面临的经济社会发展和污染减排新形势，2011年5月30日，河北省编办下发《关于设立河北省污染物排放权交易服务中心的批复》（冀机编办［2011］88号）文件，正式成立河北省污染物排放权交易服务中心，为河北省环境保护厅直属处级事业单位，事业编制12名，处级领导职数1正2副，经费形式为

财政性资金基本保证。其主要职责为：负责全省主要污染物排放权交易的技术性、事务性工作；负责全省排污权交易网络及平台建设、管理及维护工作；为主要污染物排放权交易活动提供相关服务。

2011 年 6 月 17 日，河北省财政厅、河北省环境保护局、河北省物价局、河北省工业和信息化厅四厅局联合印发《河北省主要污染物排放权出让金收缴使用管理办法的通知》（冀财建［2011］202 号），对河北省主要污染物排放权出让金收缴、使用、管理设定规则，明确出让金属于政府非税收入，应当在扣除交易手续费后全额上缴财政，实行“收支两条线”，纳入同级财政一般预算管理。出让金由各级环境保护部门收缴、财政部门管理。

## 六、河北省排污权交易的启动

根据《河北省主要污染物排放权交易管理办法（试行）》（冀政［2010］158 号）第五条：新改扩项目需要新增主要污染物年度许可排放量的，必须通过交易取得。第二十八条：本办法自 2011 年 5 月 1 日起施行。同时，《财政部、环境保护部关于同意河北省开展主要污染物排污权有偿使用和交易试点的复函》（财建函［2011］21 号）关于“重点开展化学需氧量和二氧化硫排污权有偿使用和交易”“加快启动和推进试点工作”的要求，在交易试点批复、交易管理办法、交易出让金管理、交易竞价规则与程序、交易管理服务机构、交易平台已经具备的情况下，河北省经初步研究决定，以二氧化硫每吨 2000 元、化学需氧量每吨 2500 元为基准价，尽快开始排污权交易试点工作。

2011 年 10 月 19 日上午，河北省排污权交易启动仪式暨河北省首笔省级排污权交易在河北环境能源交易所交易大厅内举行。按照试点先行的原则，排污权交易率先在秦皇岛、唐山和沧州三市及全省火电行业进行。秦皇岛市昌黎县化成矿业有限公司以 13.69 万元的总价，竞拍获得了 20.74t 二氧化硫的排放权，成为河北省进行的首笔省级排污权交易。河北省首笔二氧化硫排放权竞拍一开始就进入胶着状态，参加竞拍的三家企业均来自省内，经过整整 40 轮竞价，持续 29 分钟的竞拍，最终成交价格为每吨 6600 元，比竞拍起始价格 2000 元高出了 4600 元，溢价率 230%；随后进行的第二笔竞价交易，唐山志威科技有限公司以 13.13 万元，竞得 19.88t 二氧化硫排放权，这次拍卖会标志着河北省排污权交易试点工作正式启动。

# 第四章　河北省排污权交易基准价格的完善

根据《河北省主要污染物排放权交易管理办法（试行）》（冀政［2010］158号）第二十一条：主要污染物排放权交易价格，实行政府指导价。主要污染物排放权交易基准价，由省价格主管部门会同省环境保护行政主管部门确定并定期公布。主要污染物排放权交易市场成交价格不得低于交易基准价。第二十二条：主要污染物排放权出让金标准由省价格主管部门会同省财政部门制定。所以，排污权交易价格不是单纯由市场自由决定，而是有下限的，这个下限需要专门研究制定。在河北省启动排污权交易后，对排污权交易基准价格进一步总结研究，进行了专门完善工作。

## 第一节　河北省排污权交易基准价格制定的理论和方法准备

### 一、排污权交易基准价格的基本思考

《财政部、环境保护部关于同意河北省开展主要污染物排污权有偿使用和交易试点的复函》（财建函［2011］21号）第二条要求“建立充分反映环境资源稀缺程度和经济价值的环境有偿使用制度”，提出了环境资源稀缺程度和经济价值两个基本指标，排污权交易基准价格应重点体现这两个指标，但这两个指标具体内涵是什么？怎么反映到价格中？作为一种定价，应该遵循什么原理和基本框架？

有的专家提出试错法，认为这是市场机制中典型有效、贴近实际的方法。河北省排污权工作部门和相关学者研究发现，这种方法需要反复多次实践检验，在实践报错后总结纠偏、逐步改善才能实现。其一，这种方法其实也需要事先制定出价格供实践检验，不能回避研究制定价格的问题；其二，这种方法需要反复几轮试验，在收集排污权价格对环境质量影响的数据的基础上判定合适与否，每一轮需要一两年，在时间上根本无法实现；其三，环境质

量影响因素多样，排污权通过环境容量影响环境质量，而且排污权价格不是影响环境容量的唯一因素，甚至不是主要因素（相对于价格，排污权数量对环境容量影响更直接），所以利用环境质量对不同排污权价格的敏感程度做出价格合理与否的判断在技术上存在诸多困难，准确性不高。深入研究公共物品定价理论，选择创建体系化的影响指标，进行实际测算，对排污权交易基准价格制定非常重要。

## 二、河北省排污权基准价的综合因素分析法

随着国家和我省对于 $SO_2$ 和 $NO_x$ 的减排政策日益严格，我省环境保护工作形势依然严峻。为逐步完善环境价格体系，优化环境资源配置，创新环境经济政策，建立污染物总量减排辅助激励机制，促进企业保护环境、减少排放，对排污权进行定价工作的紧迫性凸显，找到合理的排污权定价方法是至关重要的任务。

排污权定价属于特殊产品的定价。一般来说，物品定价的方法有两种。（1）一种是基于马克思主义价值理论学说，价格围绕价值波动，价值是蕴涵在商品中的无差别的人类劳动，由活劳动和物化劳动共同组成。在实践操作中，活劳动和物化劳动表现为企业财务记录上的成本，最终表现为我国长期执行的成本利润加成定价法。以这种方法为基础，可以演化出数十种具体的定价方法。（2）另一种是以西方经济学供求均衡理论为基础，借助市场供求的均衡点测算价格。供大于求，价格下降；供小于求，价格上升，供求各自相对稳定，其均衡点的价格就是相对稳定的市场价格。以此为基础，企业配以一定的经营战略，也可以演化出数种具体的定价方法。

大气污染物排放权基准价格实质上属于公共物品定价范畴。企业使用排污权消耗和占用环境容量，大气环境容量是典型意义上的公共物品，由政府管理和控制。目前，我省大气排污权免费配置，企业在允许的时间范围和数量范围内可以使用排放权利，但期限届满和非规定数量范围内的排放权企业无权使用和处分，对该部分排污权的处理，包括市场交易，由政府来统一调配进行。基于这种政府对公共物品的定价特性，不适于采用企业市场竞争性特征明显的市场定价法，而应采用以成本为基础的定价方法。

我国是社会主义市场经济社会，排污权的基准价格最重要作用到企业经营活动中，引导企业生产排放活动，所以在充分考虑企业减排成本的基础上，也应该适当考虑其他一些影响因素；也就是说，以减排成本为决定因素，以其他相关因素为影响因素，共同作用，综合协调，以测算出能代表公众环境

质量要求、政府环境保护目标、企业市场经营需要，符合基本定价规律，有利于引导排污权交易制度健康发展的基准价格。本书涉及的影响因素主要包括环境影响区、排污权的稀缺程度、地区工业化程度、其他省市价格情况四种。

通过上面的分析，河北省在排污权定价上适合采用以减排成本为基础的综合因素分析定价法，即以成本价格法为基础，并考虑直接市场价格法的相关因素。选用合理的排污权交易价格可使企业在利益驱使下积极治污，达到保护环境、治理污染的社会目标。对全社会节约污染控制费用，提高污染控制效率具有重大意义。

### 三、河北省制定排污权交易基准价格的基础调研工作

2012 年 4 月，经过近三个月的理论和方法准备，河北省环境保护厅下发《关于开展主要污染物排放权交易基准价测算工作的通知》（冀环办发［2012］77 号），由环保部门为主，会同物价、财政部门，对全省范围内水和大气污染物排放重点行业的二氧化硫、氮氧化物、化学需氧量、氨氮的治理成本展开调查。二氧化硫、氮氧化物治理成本重点调查黑色金属冶炼及压延加工业、电力及热力的生产和供应业、非金属矿物制品业、化学原料及化学制品制造业、造纸及纸制品业等 5 个行业。化学需氧量、氨氮治理成本重点调查造纸及纸制品业、纺织印染业、食品制造业、医药制造业、化学原料及化学制品制造业等 5 个行业。各设区市调查企业总数不少于 40 家，每个行业中选择 3～5 家。调查企业优先选择列入“双三十”及“千家重点监控企业”名单中，并且采取不同治理工艺的企业。治理成本调查表于 2012 年 4 月 30 日前上报，统一汇总分析。调查方式采用企业自行填报、主管环保局核准，调查组深入企业进行现场调查，企业互查、互审，调查组根据数据复核等。本次调查共收集到全省 450 家企业的 4 类污染物 3200 份调查数据表。

与此同时，河北省排污权管理部门人员和相关专家对环境影响区、排污权的稀缺程度、地区工业化程度、其他省市价格情况进行了广泛研究和调研。

## 第二节　河北省排污权交易基准价格制定测算

### 一、减排成本对排污权基准价格测算的决定性影响

综合来看，企业的减排成本可以分成四部分，包括减排设备的折旧和维修维护费用、物耗成本、管理费用及能耗费用。以下分别对这四个因素进行分析。

### （一）减排成本的具体指标分析

1. 减排设备的折旧费

企业购置安装减排设备和相关固定资产需要按照国家规定计提折旧冲减资产历史成本，计提的折旧费构成企业减排成本中的最基础的部分。目前，企业一般采用直线折旧法计提年度折旧，在减排设备正常使用年限内各年度折旧费数量一致，形成减排成本的固定成本部分。

如果用 $C_1$ 表示年度折旧费，$c_0$ 表示减排设备购置安装成本，$n$ 表示减排设备使用年限，可以得到：

$$C_1 = \frac{c_0}{n}$$

2. 物耗成本

物耗成本是指减排设备运转过程中消耗的吸收剂、催化剂等材料的成本。设企业某种大气污染物年度减排消耗材料数量为 $Q_2$，相应的价格为 $P_2$，企业在该年度所消耗的原材料成本为 $C_2$，则有：

$$C_2 = P_2Q_2$$

在上式中，$P_2$ 是随市场行情波动的，属于自变量，所以 $C_2$ 是一项变动成本。

3. 能耗费用

企业大气污染物减排设备运转一般由电力驱动，需要消耗电能，有的还需要消耗水。设企业大气污染物减排设备用电量为 $Q_{d3}$，用电单价为 $P_{d3}$，用水量为 $Q_{s3}$，水单价为 $P_{s3}$，水电费用为 $C_3$，则有：

$$C_3 = P_{d3}Q_{d3} + P_{s3}Q_{s3}$$

在上式中，$P_{d3}$ 和 $P_{s3}$ 也经常会有所变动，所以 $C_3$ 也是一项变动成本。

4. 管理费用

企业用于大气污染物减排所涉及的管理费用主要是指在这个过程中所投入的人力资本费用和其他相关费用。企业在减排设备管理领域投入的劳动力数量和层次各有特色，人员工资也不相同，所以该数值宜采用企业统计数值，用 $C_4$ 表示。

5. 维修费

减排设备正常使用过程中需要安排例行维护维修活动，在一定时间或突发事故中还应该安排大修，这一部分费用一般是一个确定值，可以采用企业统计数值，用 $F$ 表示。

6. 减排成本与排污权基准价格之间的系数调整

以上分析了企业减排过程中必然发生的一些成本事项，但除此之外，不排除其他一些影响成本支出的内容。在考虑成本与价格之间关系时，不能直接把成本作为价格，这是市场交易的基本规律和必然要求。在这个环节，测定排污权基准价格的时候，不能把排污权作为投资品看待，简单进行成本利润加成，但也不能完全忽视资金的时间价值和通货膨胀率等因素的影响。

基于以上认识，设 $a$ 表示考虑资金时间价值和通货膨胀后的成本调整系数，$C_m$ 表示上文分析的各项减排成本的加和总值，$a_1$ 表示资金时间价值，可以按照一般社会平均资本利润率 10% 作为常态取值，$a_2$ 为上年度通货膨胀率，可以查验年度公报得到，2011 年公布数值为 4.9%。统筹考虑河北省目前排污权初始配置的无偿性，排污交易基准价格的政府指导性和政府对地区经济发展与环境质量保护的协调导向，可以在考虑资金时间价值和通货膨胀率的基础上进行适当调整；考虑到排污权的公共性和政府定价的社会效益导向，可以以正常值的一半为调整值，用 $b$ 表示，$b=1/2$，可以得到以下函数关系：

$$a = b(a_1 + a_2) = \frac{10\% + 4.9\%}{2} = 7.45\%$$

（二）减排成本影响排污权基准价格的函数关系

综合上述分析，企业减排成本与排污权基准价格之间的函数关系可以表示为：

$$P_c = (1 + a)(C_1 + F + \sum_{i-1}^{4} C_i)$$

设：$C = C_1 + F + \sum_{i-1}^{4} C_i$，代入上式可以得到：

$$P_c = 1.0745C = 1.0745(C_1 + F + C_4 + \sum_{i-2}^{3} P_iQ_i) \qquad (4-1)$$

## 二、不同环境影响区对排污权基准价格测算的影响

根据自然地理因素、城市区位、常年风向等因素，结合《河北省生态环境保护“十二五”规划》提出优化环首都绿色经济圈的要求，我们把河北省按照环境质量影响力划分为两类地区，一类区包括承德、张家口、廊坊三个地市，二类区包括除此之外的河北省其他各地市。

### （一）环境影响指标因素分析

某地区环境影响状况与该地区环境容量状况和污染扩散情况密切相关。

1. 环境容量资源状况

区域大气环境容量是当区域环境空气质量满足其环境功能区目标时，区域内各污染源的最大允许排放量。大气环境容量的确定是有效控制大气环境污染、改善环境质量的基础，是政府制定大气污染控制决策和推动总量控制的主要依据。环境容量资源状况可以用污染强度，即每平方公里的二氧化硫的排放量来表示。污染强度越大，说明环境容量资源越稀缺，相应的排污权价格应该越高。

2. 污染扩散情况

污染扩散情况可以用污染扩散系数来表示。由于一个地区的污染扩散情况要受地形和季风两种因素的影响，但考虑到季风具有较强的季节性，此处不予考虑。由于全省地势由西北向东南倾斜，西北部为山区、丘陵和高原，其间分布有盆地和谷地，中部和东南部为广阔的平原。地形以平原为主，类似盆地谷地等面积较小，该地形均等同于山地考虑。由此，可以得到公式：

某地区污染扩散系数=该地区的山地面积/总面积

### （二）模型构建

1. 指标权重的确定

在区域经济发展的进程中，设定的各个因子对系统的影响或引起的效应是不同的，必须对各个具体指标赋予其相应的权重系数，以表达其不同的重要性。在模型中，主要是采用韦伯（Weiber）定律三标度层次分析法（IAHP）确定指标权重。

2. $\lambda_i$ 地区调整系数计算

考虑到各评价指标之间的互补性和评价系统之间的叠加性，选用加权求和的多指标综合评价模型，其表达式为：

$$\lambda_i = \sum_{i=1}^{2} W_i Q_i$$

式中，$\lambda_i$ 为 $i$ 地区调整系数；$W_i$ 为各评价指标的相对权重；$Q_i$ 为各评价指标的评分值。

权重与目标层、评价因子等一起反映在表 4-1 中。

**表 4-1　不同环境影响区环境因素权重和评价表**

| 目标层 | 评价因子 | 权重 | 评价指标 | 单位 |
|---|---|---|---|---|
| $\lambda_i$ 地区调整系数 | 污染强度 $C_1$ | $W_1$ | $Q_1$ | 吨/平方公里 |
| | 扩散系数 $C_2$ | $W_2$ | $Q_2$ | % |

设环境影响区对排污权价格的影响参数为 $\Delta P_E$，河北省电力和非电力行业的二氧化硫和氮氧化物减排成本为 $C$，运算时分别用上节结论，即：$C_{电硫}=2207.75$，$C_{他硫}=6300.4$，$C_{电硝}=2657.3$，$C_{他硝}=6934.25$。对应的影响调整量用 $\Delta P_E$ 表示，河北省电力和非电力行业的二氧化硫和氮氧化物减排成本分别为 $\Delta P_{E电硫}$，$\Delta P_{E电硝}$，$\Delta P_{E他硫}$，$\Delta P_{E他硝}$。

则基于环境影响区的排污权基准价格测算模型最终为：

$$\Delta P_E = C\lambda_i = C\lambda_i \sum_{i=1}^{2} W_i Q_i \tag{4-2}$$

## 三、排污权稀缺程度对排污权价格的影响

影响商品价格的因素有很多，但各因素对商品价格的影响主要是通过影响商品的供求来实现的。排污权作为一种可以进行交易的商品，其价格也必然会受到供求关系的影响。当一个地区排污权的需求量大于供给量时，排污权的价格必然会上涨；反之，当需求量小于供给量时，其价格则会下降。在这里，我们将结合河北省的具体情况建立一个关于需求程度影响排污权价格的模型，以此来解释需求程度对排污权价格的影响。

### （一）指标体系说明

需求程度对排污权价格的影响可以从供求比例、可交易排污权占排污权总量的比例、地区经济发展的繁荣程度三个方面进行分析。下面我们来对这些因素进行层次划分，建立一个指标体系。

总目标层的指标。总目标层是稀缺程度对排污权价格的影响力，即通过指标分析、赋值来计算稀缺程度对排污权价格影响的程度的大小。这一影响力的大小取决于供求比例、可交易排污权占排污权总量的比例、地区经济发展的繁荣程度这三大类指标的综合。这一指标的数值越大，说明稀缺程度对排污权的影响力越大，在其他因素不变的情况下，排污权的价格也就越高。

准则层的指标。准则层的指标是指供求比例、可交易排污权占排污权总量的比例、地区经济发展的繁荣程度这三项影响总目标层的指标。

1. 供求比例

供求比例是指一个地区内排污权总量与排污权的需求量之间的比例关系。现阶段，排污权处在严重的供不应求阶段，供应量不及需求的十分之一。供求之间的差距越大则排污权的价格越高，但是，受边际乘数递减的影响，随着供求差距的拉大，价格上升的速度将逐渐减缓。

2. 可交易排污权占排污权总量的比例

可交易排污权占排污权总量的比例指可交易排污权占排污权总量比重的大小。由于企业自身生产的需要，企业不可能将所有的排污权都用于市场交易，企业只能在保持正常的生产经营状态下，将剩余的排污权拿到市场上进行交易。由此，可交易的排污权占排污权总量的比例也会对排污权的需求程度产生影响，进而影响排污权价格。

3. 地区经济发展所处的繁荣与衰退进程状态

经济增长率是各个国家衡量经济繁荣程度时广泛应用的指标。通常情况下，若某地区经济增长率为正值，我们则认为该地区经济处于繁荣期；而当经济增长率等于或者小于零时，则认为该地区经济处于衰退期。经济发展处于繁荣期时，市场前景良好、经济发展迅速，原有厂家的扩建与新投资者的进入，必然推动排污权的需求量的增加，这样会推动排污权价格的上涨；相反，在经济衰退期，市场前景黯淡、经济发展减缓甚至停滞，厂家会降低甚至停止生产，这样排污权的需求量就会减少，使得排污权的供给量相对增加，价格就会下降。

### （二）权重的确定

权重是一个相对概念，是针对某一指标而言的。某一指标的权重是指该指标在整体评价中的相对重要程度。权重表现在评价过程中，是被评价对象的不同侧面的重要程度的定量分配，对各评价因子在总体中的作用进行区别对待。一组权重体系必须满足两个条件：

（1）$0 < Wf_i < 1(i = 1, 2, \cdots, n)$；

（2）$\sum_{i=1}^{n} Wf_i = 1$。

在这里用 $Wf_1$ 代表供求比例所占的权重，$Wf_2$ 代表可交易排污权占排污权总量的比例的权重，$Wf_3$ 代表地区经济繁荣程度的权重。通过专家直观判定法来对各项评价指标的权重进行分配，分配结果：$Wf_1 = 0.45$，$Wf_2 = 0.35$，$Wf_3 = 0.2$。稀缺程度对排污权价格影响的指标权重及赋值见表4-2。

**表 4-2　稀缺程度对排污权价格影响的指标权重及赋值表**

| 总目标层 | 准则层（$b$） | 指标层 | 指标层标准化方法及计算公式 | 权重 $Wf_i$ |
|---|---|---|---|---|
| 稀缺程度对排污权价格的影响力 | 供求比例（$b_1$） | | 供求比例=排污权总量/排污权需求量 | 0.45 |
| | 可交易排污权占排污权总量的比例（$b_2$） | | 比例=可交易排污权/排污权总量 | 0.35 |
| | 地区经济发展的繁荣程度（$b_3$） | 繁荣 | $R_{GDP}>0$ | 0.2 |
| | | 衰退 | $R_{GDP}\leq 0$ | |

（三）排污权稀缺程度对其价格影响的基本模型

通过上面的分析与指标体系的建立，可以建立如下模型：

$$\Delta P_s = C\sum_{i=1}^{n} b_i \times Wf_i \tag{4-3}$$

式中，$\Delta P_s$ 为稀缺程度对排污权价格的影响力；$i$ 为各层指标的编码顺序号；$n$ 为 $i$ 的取值（$n$=1，2，3）；$b_i$ 为准则层的第 $i$ 个指标值；$Wf_i$ 为准则层第 $i$ 个指标对应的权重；$P_s$ 为稀缺程度对排污权价格的影响值；$C$ 为河北省电力和非电力行业的二氧化硫和氮氧化物减排成本。

## 四、地区工业化程度对排污权价格的影响

工业化（Industrialization）是利用机械化手段，以物质资料为原料，以资本和劳动为生产要素，进行大规模的物质产品的生产和消费，推动人类社会从农业社会迈向工业社会，实现以机器大生产为特征的工业部门在国内生产总值中所占比重不断上升的发展过程。一般来说，工业发展水平的提高主要表现为工业生产量的快速增长，新兴部门大量出现，高新技术广泛应用，劳动生产率大幅提高，城镇化水平和国民消费层次全面提升。虽然与传统工业化的高排污、简单生产模式相比，高新工业化企业在整体上提高了资源利用率、减少了污染物的排放，由于这类企业生产模式及生产技艺等方面的不同也区分高污染与低污染两种情况。而无论在哪种情况下，由于该类企业的技术水平较高，较传统工艺来说其产量会大幅度增加，生产规模及数量的扩大必然导致污染物排放的增加。因此，在工业化发展程度较高地区污染物排放量会比工业化程度低的地区高一些。为了将工业化发展程度较高地区的污染物的整体排放量控制在空气容量范围内，应该适当提高该地区的排污权价格，

从而抑制污染物排放、起到环境保护的作用。

## （一）地区工业化程度的指标分析

国际上衡量工业化程度的主要经济指标有四项：一是人均生产总值，人均 GDP 达到 1000 美元为初期阶段，人均 3000 美元为中期阶段，人均 5000 美元为后期阶段；二是工业化率，即工业增加值占全部生产总值的比重，工业化率达到 20% ~40% 为正在工业化初期，40% ~60% 为半工业化国家，60% 以上为工业化国家；三是三次产业结构和就业结构，一般工业化初期阶段，三次产业结构为 12.7 : 37.8 : 49.5；就业结构为 15.9 : 36.8 : 47.3；四是城市化率，即城镇常住人口占总人口的比重，一般工业化初期阶段为 37% 以上，工业化国家则达到 65% 以上。为了解释工业化水平的区域差异，本文以人均 GDP、工业化率、三次产业结构及城市化率为变量，分析经济发展水平对排污权定价的影响，见表 4-3。

**表 4-3　2011 年河北省各市工业化程度指标值**

| 地区 | 人均 GDP（*D*1）/万元 | 工业化率（*D*2）/% | 三次产业结构比例（*D*3） | 城市化率（*D*4）/% |
|---|---|---|---|---|
| 石家庄 | 3.97 | 42.5 | 10.1 : 49.8 : 40.1 | 43.96 |
| 秦皇岛 | 3.20 | 34.37 | 13.3 : 39.4 : 47.3 | 42.89 |
| 唐山 | 7.16 | 56.2 | 8.9 : 60 : 31.1 | 48 |
| 衡水 | 2.10 | 34.8 | 18.7 : 52.6 : 28.7 | 33.68 |
| 邢台 | 2.01 | 51.3 | 15.4 : 55.6 : 29 | 36.02 |
| 邯郸 | 2.96 | 50 | 12.5 : 64.8 : 32.7 | 38.93 |
| 保定 | 1.85 | 45.5 | 14.8 : 51.9 : 33.3 | 30.73 |
| 张家口 | 2.41 | 32.2 | 16 : 44.5 : 39.5 | 39.45 |
| 沧州 | 3.82 | 40.05 | 11.4 : 52.3 : 36.3 | 37.51 |
| 廊坊 | 3.80 | 46.5 | 10.8 : 54.6 : 34.6 | 42.82 |
| 承德 | 3.17 | 50.0 | 15 : 55 : 30 | 34.35 |

工业化程度的四个指标中，根据对排污权影响的紧密性，可以通过图表数据重点分析三次产业结构与工业化率，将表 4-3 中的 11 个市区分为三类。

第一类：唐山、邢台、邯郸、承德。这四个地市第二产业所占比重在 55% 以上并且工业化率均在 50% 以上。在这些地区工业化比重大，而且有很强的发展趋势。

第二类：石家庄、衡水、保定、廊坊、沧州。这些地区第二产业所占比重在45%以上并且工业化率趋于中间值，说明这些地区工业化比重较大而且有一定的发展趋势。

第三类：秦皇岛、张家口。这两个地区第二产业比重与工业化率都比较低。

在进行工业化发展程度对污染物排放量的影响时应注意以下问题：(1) 对于污染物排放量进行统计时，应注意数据来源的准确性。由于各种外部原因会造成数据误差的存在，可能会使得数据显示与分析结果略有不同。(2) 应该分析某地区企业类型，不同企业由于产品生产的差异会直接导致污染物种类的不同。有些工业化发展程度较高的城市，由于其主要的排放物不属于我们所考虑的二氧化硫或者氮氧化物，其结果可能会出现一定的差异。

### （二）地区工业化程度对排污权价格影响的数量模型

构建地区工业化程度对排污权价格影响的数量模型如下：

$$\Delta P_D = \left(\sum_{i=1}^{n} D_i \times Wf_i - 1\right) C/10 \tag{4-4}$$

式中，$\Delta P_D$ 为工业化程度对排污权价格的影响力；$i$ 为各指标的编码顺序号；$n$ 为 $i$ 的取值（$n$=1，2，3，4）；$D_i$ 为第 $i$ 个指标值，分别表示人均GDP、工业化率、三次产业结构、城镇化率；$Wf_i$ 为第 $i$ 个指标对应的权重；$C$ 为河北省电力和非电力行业的二氧化硫和氮氧化物减排成本。

## 五、其他省市价格对我省排污权交易价格的影响模型

随着社会的发展，环境问题越来越被公众所关注，我省在环境治理时，也注意到了排污权交易中的定价问题。排污权交易中，不仅需要考虑成本问题，还需要考虑其他省市对我省的影响。因为排污权交易也属于市场中的一项交易，其他省市排污权交易价格的变动必将会影响其企业商品价格的变动，因此对于我省来说，需要参照其他省市的排污权交易价格来进行最后定价的调整。

### （一）其他省市价格影响指标体系及其与排污权价格的关系

其他省市对我省的影响主要从三个指标考虑，包括：地理情况，空气质量，经济发展水平，这三个指标对于最后的各省权重分配有直接影响。首先，各省所处的地理地势直接影响到污染物的扩散情况，相比来说地域中临海，包含江河的更有利于大气的净化，例如江苏省，因此其排污权交易价格不是很高；其次，各省的大气环境的好坏也直接影响着排污权的定价，大气污染

比较严重的则定价相对要高一些，大气污染程度较轻的定价则相对较低一些；最后，经济发展状况也影响着排污交易权的价格。工业的发展情况和资源的情况直接影响着经济的发展，因此行业较发达和资源较丰富的地区，则排污权交易价格会定得相对较高一些；反之，则排污权交易价格较低，利于促进地区行业的发展。此三个指标按影响程度来说，最重要的是空气质量程度，其次是经济发展水平，最后是地理情况。在权重的划分时，应该考虑这三个方面的影响。对于河北省来说，6 个样本省的定价对我省的排污权定价具有一定的指导作用。

河北省位于华北平原，兼跨内蒙古高原，全省内环首都北京市和北方重要商埠天津市，东临渤海。西北部为山区、丘陵和高原，其间分布有盆地和谷地，中部和东南部为广阔的平原，海岸线长 487 公里；2011 年河北省人均 GDP 为 28108 元；河北省空气质量排名位于重庆和江苏之间。通过将河北省的情况，包括空气质量、地理情况、经济发展水平和表 4-4 的数据进行对比，得出各省市相应的综合权重，其中综合各项因素考虑，江苏的综合情况与河北较为相关，因此分配给其的权重比较大，其他省的权重按对比情况依次赋予权重。由于此模型研究的是其他省市价格对我省排污权价格的影响，因此给变量加下标 R（R 是 reference 的缩写，意思为参考、相关）作为标注，设 $w_R$ 为各省价格影响参数的权重。

**表 4-4　其他省市大气污染物交易价格影响因素**

| 省市 | 地理情况 | 空气质量排名（省会） | 经济发展水平（人均 GDP）/元 | 综合权重 $w_R$ |
|---|---|---|---|---|
| 陕西 | 西北地区东部的黄河中游，东邻山西、河南，西连宁夏、甘肃，南抵四川、重庆、湖北，北接内蒙，居于连接中国东、中部地区和西北、西南的重要位置 | 6 | 26847 | 0.25 |
| 重庆 | 位于中国西南部，长江上游，与湖北、湖南、贵州、四川、陕西等省接壤，以丘陵、低山为主，平均海拔为 400m | 3 | 34500 | 0.08 |
| 湖北 | 北接河南省，东连安徽省，东南与江西省相接，南邻湖南省，西靠重庆市，西北与陕西省交界，长江、汉江交汇于武汉市 | 5 | 27614 | 0.12 |
| 江苏 | 地居长江、淮河下游，东临黄海，西连安徽省，北与山东省接壤，南与浙江省和上海毗邻 | 4 | 51999 | 0.28 |

续表 4-4

| 省市 | 地理情况 | 空气质量排名（省会） | 经济发展水平（人均 GDP）/元 | 综合权重 $w_R$ |
|---|---|---|---|---|
| 湖南 | 位于我国东南腹地，长江中游，省内最大河流为湘江，湖南东南西三面环山，中部、北部低平，形成向北开口的马蹄形盆地。境内山地约占总面积的一半，平原、盆地、丘陵、水面约占一半 | 1 | 24210 | 0.15 |
| 浙江 | 位于中国东南沿海，东濒东海，南接福建省，西与江西省、安徽省相连，北与上海、江苏省为邻，境内最大的河流是钱塘江 | 2 | 49791 | 0.12 |

### （二）其他省市价格对我省价格的影响模型

设参考省的二氧化硫排污权交易基准价价格为 $x_i$，陕西省为 $x_1$，重庆省为 $x_2$，湖北省为 $x_3$，江苏省 $x_4$，浙江省为 $x_5$，湖南省为 $x_6$。

设 $\Delta P_R$ 为各省价格影响参数，则：

$$\Delta P_R = \frac{\sum_{i=1}^{n}(x_i - c)w_R}{n} \times \theta \qquad (n = 6) \tag{4-5}$$

式中，$c$ 为当前河北省各种大气污染物减排成本；$\theta$ 为调整系数，$\theta = \frac{\bar{x}}{c}$，$\bar{x}$ 为 6 个省排污权交易价格的算数平均数，$\bar{x} = \frac{\sum_{i=1}^{n} x_i}{n}$，$n=6$；$w_R$ 为各省市价格影响参数的权重，设 $w_1$ 代表陕西省，$w_2$ 代表重庆市，$w_3$ 代表湖北省，$w_4$ 代表江苏省，$w_5$ 代表浙江省。

## 六、河北省排污权交易基准价格测算的结果

综合以上以减排成本、环境影响区、排污权的稀缺程度、地区工业化程度、其他省市价格情况五种主要价格影响指标，考虑其共同作用、综合影响的关系，构建最终测算模型。根据调研数据进行测算，按照使用便利需要，对数据进行取整处理，经过取整最终得到河北省四项主要污染物排污权交易基准价格，见表 4-5。

**表 4-5　河北省大气污染物交易基准价格情况**

| 主要污染物 | | 基准价格/元 |
| --- | --- | --- |
| 大气污染物 | 二氧化硫 | 3000 |
| | 氮氧化物 | 4000 |
| 水污染物 | 化学需氧量 | 4000 |
| | 氨氮 | 8000 |

# 第五章　河北省排污权的适用范围

《财政部、环境保护部关于同意河北省开展主要污染物排污权有偿使用和交易试点的复函》（财建函［2011］21号）同意河北省以电力行业为试点行业，重点开展二氧化硫和氮氧化物的排污权有偿使用和交易，以沿海隆起带为试点区域，重点开展化学需氧量和二氧化硫排污权有偿使用和交易，试点涉及二氧化硫、氮氧化物、化学需氧量三种污染物，秦皇岛、唐山、沧州三市和电力行业。《河北省主要污染物排放权交易管理办法（试行）》（冀政［2010］158号）没有限定污染物、区域和行业，而是用"本省行政区域内""主要污染物""国家和本省确定的需要实施排放总量控制的污染物"和"国家产业政策鼓励类和本省实施产业结构调整、转变发展方式战略重点中优先培育的产业"都包含在内。截至2013年4月，河北省对唐山、秦皇岛、沧州、邯郸四市新、改、扩项目进行了排污权试点，共交易314笔，出让金金额6387.61万元。经过研究决策，河北省排污权从2013年10月1日起拓展到全部设区市，覆盖四大污染物排放行业。

## 第一节　河北省主要污染物及排污权品种范围

在排污权制度设计中，由于污染物种类繁多，特征不一，对环境造成的影响也各有不同，因此排污企业释放的污染物种类在排污权的载体——排污许可证上必须是明确界定的，以方便环境管理部门对主要污染物区别对待，加强对污染物的管理。比如在总量指标控制上，对危害人类健康和环境比较大的污染物减排指标安排得更多些，在二级市场交易上进行严格调控等。按照主要污染物的种类，排污权可分为化学需氧量、氨氮、二氧化硫、氮氧化物的排污权，在初次分配时必须加以明确。从国内试点地区来看，在有偿使用的实践中，企业都是按照污染物的种类来登记排污情况的。

### 一、河北省的主要污染物

河北省地处北纬36°05′~42°37′，东经113°11′~119°45′之间，位于华北平原的腹心地带，兼跨内蒙古高原，地势由西北向东南倾斜，全省内环首都北京市和天津市。由于其特殊的地理位置，使得人们对河北省大气环境质量和水污染的关注度日益提升。

作为环境污染大省，又临近京津，河北省开展排污权的有偿使用，真正实现污染者付费已刻不容缓。考虑到污染监测的难度和企业的经济承受能力，在起步阶段不可能对所有的污染物都推行排污权的有偿使用制度，可以先从污染环境的主要污染物下手。

### （一）河北省的主要大气污染物

污染物一般可分为大气污染物和水污染物。大气污染物是指排入大气的对人和环境产生有害影响的物质，河北省主要的大气污染物为可吸入颗粒物（PM10）、二氧化硫（$SO_2$）和氮氧化物（$NO_x$）。二氧化硫主要由燃煤及燃料油等含硫物质燃烧产生，对金属材料、房屋建筑、棉纺化纤织品、皮革纸张等制品容易引起腐蚀、剥落、褪色而损坏，还可使植物叶片变黄甚至枯死，恶化生态环境。氮氧化物污染主要来源于生产、生活中所用的煤、石油等燃料燃烧的产物（包括汽车及一切内燃机燃烧排放的氮氧化物）和生产或使用硝酸的工厂排放的尾气，氮氧化物作为一次污染物本身会对人体健康产生危害，还易导致酸沉降、近地面臭氧、区域灰霾、富营养化等二次污染问题，是导致河北省大气复合型污染的关键污染物。由于二氧化硫和氮氧化物的排放，不仅会直接影响大气环境即产生酸雨，而且 PM2.5 主要来源于燃烧产生的蒸汽凝结或成核形成的二次颗粒物。

从目前来看，河北省二氧化硫和氮氧化物的排放量都比较大，属于国内大气污染比较严重地区。根据 2010 年环境统计公报，二氧化硫排放量超过 100 万吨的省份中，河北省位列第五，氮氧化物排放量超过 100 万吨的省份中河北省位列第六，如图 5-1 和图 5-2 所示。

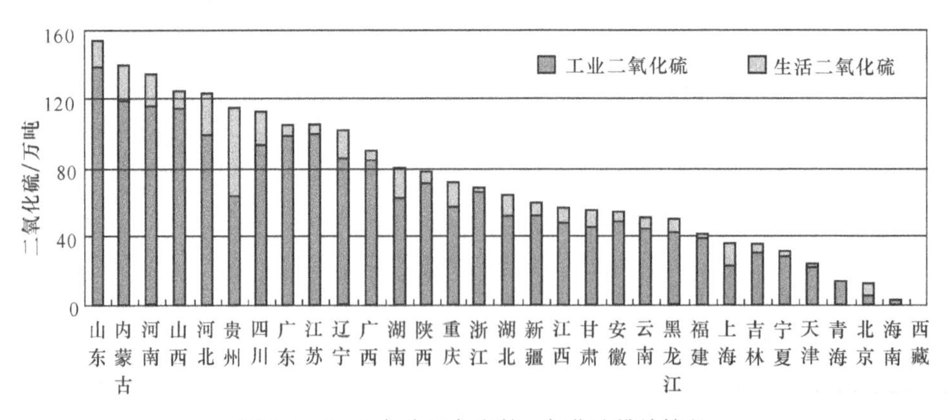


图 5-1　2010 年全国各省份二氧化硫排放情况

2011 年，河北省设区城市优良天数平均为 339 天，城市环境空气质量有所

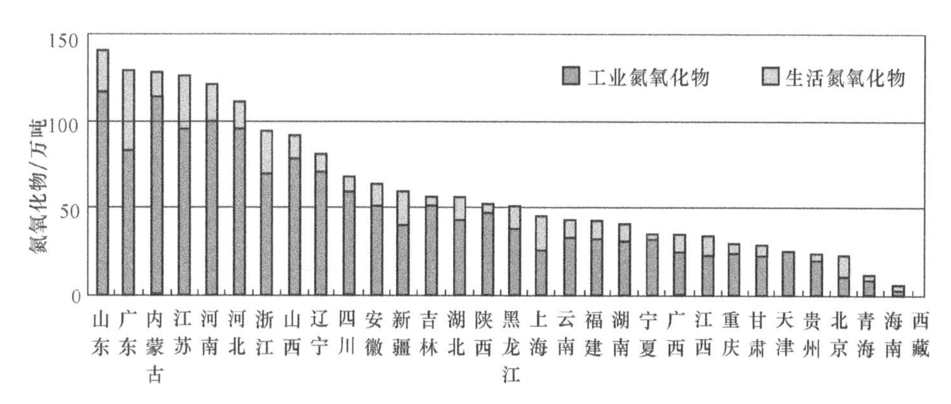


图 5-2　2010 年全国各省份氮氧化物排放情况

改善，但主要污染物二氧化硫和二氧化氮平均浓度仍然分别达到 0.042mg/m³ 和 0.028mg/m³；11 个设区城市二氧化硫年均值范围在 0.035 ~ 0.055mg/m³ 之间，二氧化氮年均值范围在 0.022 ~ 0.041mg/m³ 之间。由于对 PM2.5 的关注度的增强，进一步降低排放，改善空气环境质量的要求仍然非常迫切。

从污染物的来源看，大气污染物的来源包括：工业污染源、城镇生活污染源和农业污染源。根据河北省第一次污染源普查结果（见表 5-1 ~ 表 5-3），河北省二氧化硫和氮氧化物的来源以工业源为主，其中，黑色金属冶炼及压延加工业和电力、热力的生产和供应业的二氧化硫和氮氧化物排放量占排放总量的比例分别达到 70.98% 和 76.11%，是名副其实的排污大户。

**表 5-1　2010 年动态更新调查主要污染物排放情况**

| 污染物 | 区域总量/t | 工业源/t | 城镇生活源/t | 垃圾场、医疗、废物处置厂/t | 农业源/t | 机动车/t | 工业排放占比/% |
|---|---|---|---|---|---|---|---|
| $SO_2$ | 1437823.56 | 1337266.77 | 100510.00 | 46.79 | — | — | 93.01 |
| $NO_x$ | 1712931.99 | 1163787.64 | 15756.00 | 94.37 | — | 533293.98 | 67.94 |

**表 5-2　主要行业二氧化硫排放情况**

| 序号 | 行业 | $SO_2$ 排放量/t | 所占排放总量的比例/% |
|---|---|---|---|
| 1 | 黑色金属冶炼及压延加工业 | 542186.18 | 40.54 |
| 2 | 电力、热力的生产和供应业 | 406903.01 | 30.43 |
| 3 | 非金属矿物制品业 | 125260.53 | 9.37 |
| 4 | 化学原料及化学制品制造业 | 63424.57 | 4.74 |
| 5 | 造纸及纸制品业 | 32749.93 | 2.45 |
| 6 | 石油加工、炼焦及核燃料加工业 | 27346.27 | 2.04 |

续表 5-2

| 序号 | 行业 | $SO_2$ 排放量/t | 所占排放总量的比例/% |
|---|---|---|---|
| 7 | 农副食品加工业 | 23005.18 | 1.72 |
| 8 | 纺织业 | 14649.35 | 1.10 |
| 9 | 通用设备制造业 | 11178.22 | 0.84 |
| 10 | 食品制造业 | 9015.39 | 0.67 |

**表 5-3　不同行业氮氧化物排放情况**

| 序号 | 行业 | $NO_x$ 排放量/t | 所占排放总量的比例/% |
|---|---|---|---|
| 1 | 电力、热力的生产和供应业 | 661991.12 | 56.88 |
| 2 | 黑色金属冶炼及压延加工业 | 223785.39 | 19.23 |
| 3 | 非金属矿物制品业 | 162720.47 | 13.98 |
| 4 | 石油加工、炼焦及核燃料加工业 | 26948.06 | 2.32 |
| 5 | 化学原料及化学制品制造业 | 25959.24 | 2.23 |
| 6 | 农副食品加工业 | 9947.44 | 0.85 |
| 7 | 造纸及纸制品业 | 8316.08 | 0.71 |
| 8 | 通用设备制造业 | 3624.10 | 0.31 |
| 9 | 纺织业 | 3412.84 | 0.29 |
| 10 | 煤炭开采和洗选业 | 3304.93 | 0.28 |

### （二）河北省的主要水污染物

河北省的水污染物主要有化学需氧量和氨氮。氨氮是以氨或铵离子形式存在的化合氨，主要来源于人和动物的排泄物，雨水径流以及农用化肥的流失，来自化工、冶金、石油化工、油漆颜料、煤气、炼焦、鞣革、化肥等工业废水也是氨氮的重要来源。氨氮是水体中的营养素，可导致水富营养化现象产生，是水体中的主要耗氧污染物，对鱼类及某些水生生物有毒害。化学需氧量（COD）是化学氧化剂氧化水中有机污染物时所需氧量。化学需氧量越高，表示水中有机污染物越多。水中有机污染物主要来源于生活污水或工业废水的排放、动植物腐烂分解后流入水体产生的。水体中有机物含量过高可降低水中溶解氧的含量，当水中溶解氧消耗殆尽时，水质则腐败变臭，导致水生生物缺氧，以致死亡。

从全国情况来看，根据 2010 年环境统计年报，河北省氨氮排放和化学需氧量排放居全国第九位，如图 5-3 所示。全省水环境非常脆弱，2010 年监测数据表明，七大水系有33.6%的水质断面为劣五类，子牙河、北三河、漳卫南运河和黑龙港水系仍呈重度污染，主要污染物为$NH_3$-N、COD、挥发酚、生化需氧量和高锰酸盐指数。不计总氮、总磷两项富营养化指标，全省岗南水库等13座水库中，11座水库水质达到Ⅱ类水质标准。对水库水质进行富营养化评价，岗南水库等12座水库为中营养，氨氮污染十分严重，水环境资源承载能力明显不足。

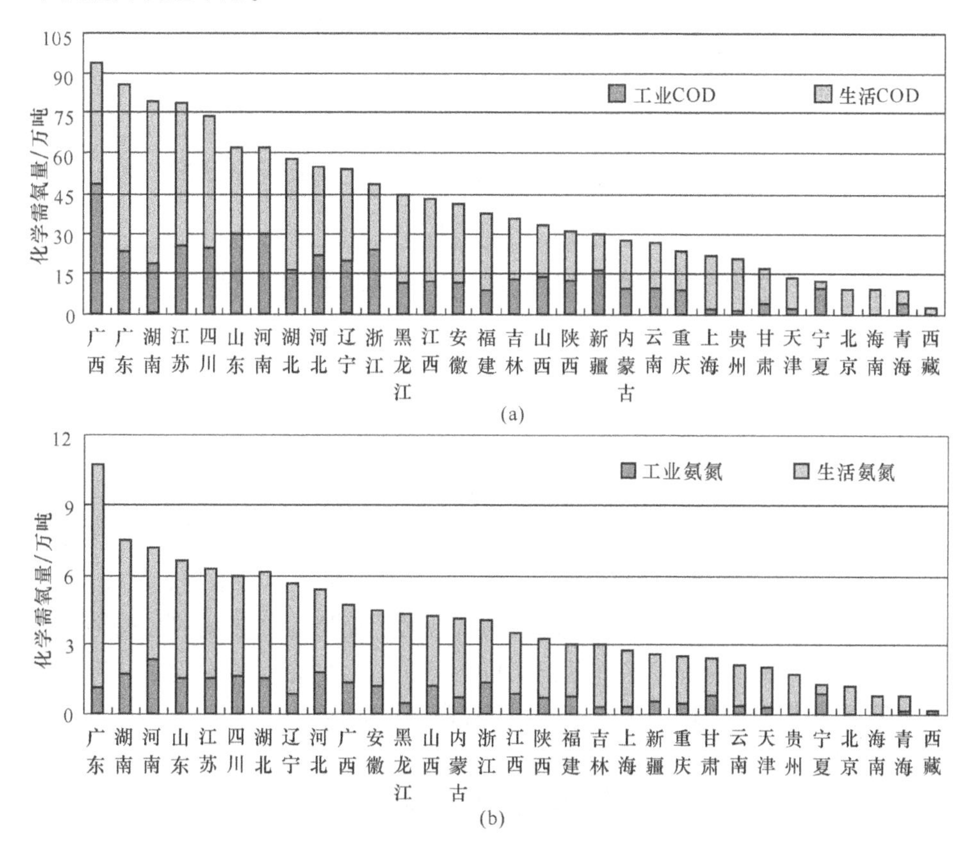


图5-3　2010年各省化学需氧量排放情况

a—工业COD和生活COD；b—工业氨氮和生活氨氮

针对饮水不安全和空气污染等损害群众健康的突出环境问题，2011年12月，国务院印发《国家环境保护“十二五”规划》，提出了控制总量、改善质量、防范风险和均衡发展四大战略任务，要求到2015年，主要污染物排放总量显著减少，实现化学需氧量、二氧化硫排放总量在2010年基础上削减8%，氨氮、氮氧化物排放总量削减10%。“十二五”是河北省加快发展、加速转型的重要时期，环境保护工作作为加快转变经济发展方式、调整经济结构和保障与改善民生的重要抓手，其与发展的关系正在发生变化，环境容量已成为区域布局的重要依据，环境标准已成为市场准入的重要条件，环境成本已成为价格形成机制的重要因素。按照《国家环境保护“十二五”规划》要求，综合考虑未来河北省的发展趋势，《河北省节能减排“十二五”规划》中将氮氧化物纳入总量控制指标体系，要求到2015年，全省二氧化硫和氮氧化物排放总量分别控制在125.5万吨和147.5万吨，比2010年分别减少12.7%和13.9%。“十二五”期间，主要水污染物控制种类增加到两项：化学需氧量和氨氮，到2015年，全省化学需氧量、氨氮排放总量分别控制在128.3万吨、10.14万吨以内，比2010年分别减少9.8%、12.7%。

综合河北省节能减排“十二五”规划和目前的环境污染状况，省内的主要污染物有二氧化硫、氮氧化物、氨氮和化学需氧量。

### 二、基于主要污染物类型的河北省排污权品种范围

从全国范围看，浙江、陕西、湖南、河南、山西等先行先试省份都在推行排污权和交易，针对的污染物主要是二氧化硫、氮氧化物、氨氮和化学需氧量。因此，根据国家污染物排放总量控制要求和河北省“十二五”减排的目标，结合河北省污染物的实际排放情况，河北省应将两类污染源：污水和大气的四类主要污染物：二氧化硫、氮氧化物、化学需氧量和氨氮纳入排污权制度体系，排放这些主要污染物的企业只有缴纳了主要污染物有偿使用费，才能获得向周围环境排放污染物的权利，帮助企业树立“环境容量是稀缺资源”的理念，提高企业的减排意识和成本意识，督促企业技术创新和管理创新，降低污染减排和环境保护的成本，提高环境质量。

## 第二节　河北省排污权的地域范围

从现行试点排污权的地区来看，都是依照先易后难、先点后面、先试点后推广的思路在开展有偿使用的实践。就试点地区的选择来说，浙江省首先在排污权交易实施效果较好的嘉兴开展有偿使用的试点，湖南省在经济基础较好的长沙、株洲和湘潭三市的9个行业：化工、石化、火电、钢铁、有色、医药、造纸、食品、建材开展试点。就河北省而言，建议先在经济发展快、基础条件好、环境容量有限、排污权交易已先行先试的秦皇岛、唐山、沧州试点，积累一定经验后，出台详细实施方案，在全省大范围推广。

秦皇岛南临渤海，北依燕山，东接辽宁省葫芦岛市，西接唐山，位于

最具发展潜力的环渤海经济圈中心地带，别称京津后花园。秦皇岛是滨海名城，旅游业发达，同时还是一座新兴的工业城市。经过改革开放30多年的发展，已形成了基础雄厚、较为完善的工业体系，五大支柱产业为：以玻璃、水泥、新型建材为主的建材工业；以钢材、铝材为主的金属压延工业；以复合肥为主的化学工业；以汽车配件、铁路道岔钢梁钢结构、电子产品为主的机电工业；以果酒、啤酒、粮食加工为主的食品饮料工业，主要工业产品有1000多种。河北远洋运输集团、耀华玻璃集团公司、秦皇岛首秦金属材料有限公司、中铁山桥集团有限公司、山海关船舶重工有限责任公司、渤海铝业有限公司、戴卡轮毂有限公司、中阿化肥有限公司、正大有限公司、金海粮油食品有限公司、鹏泰面粉有限公司、海燕安全玻璃有限公司、浅野水泥有限公司等一批骨干企业的生产规模、技术水平在全国同行业中处于领先地位。秦皇岛的地理位置的特殊性、丰富的旅游资源都对环境要求很高，可是其新兴工业的发展不可避免又会产生环境污染，从表5-4和表5-5可以看到，2011年的二氧化硫和二氧化氮的年均排放值分别为0.039和0.027，根据2010年污染普查动态更新数据，秦皇岛市化学需氧量和氨氮排放量分别为8.02万吨/a、0.51万吨/a，主要控制断面的排放浓度全省排第七。因此，有必要把其作为排污权的试点地区，减轻旅游城市的环境压力，增强企业减排的紧迫感。

**表5-4　2011年河北省11个设区市$SO_2$和$NO_2$年均排放值**

（$mg/m^3$）

| 设区市 | $SO_2$年均值 | $NO_2$年均值 |
|---|---|---|
| 石家庄 | 0.051 | 0.041 |
| 唐山 | 0.055 | 0.029 |
| 秦皇岛 | 0.039 | 0.027 |
| 邯郸 | 0.038 | 0.025 |
| 邢台 | 0.043 | 0.024 |
| 保定 | 0.04 | 0.031 |
| 张家口 | 0.039 | 0.022 |
| 承德 | 0.045 | 0.035 |
| 沧州 | 0.035 | 0.022 |
| 廊坊 | 0.038 | 0.026 |
| 衡水 | 0.039 | 0.023 |

**表 5-5　2011 年河北省 11 个设区市主要污染物排放量及水质现状排序**

| 设区市 | COD 排放量排序 | $NH_3$-N 排放量排序 | 主要控制断面 COD 浓度排序 | 主要控制断面 $NH_3$-N 浓度排序 |
|---|---|---|---|---|
| 石家庄 | 1 | 1 | 8 | 8 |
| 承德 | 10 | 11 | 11 | 9 |
| 张家口 | 11 | 7 | 10 | 10 |
| 秦皇岛 | 8 | 10 | 7 | 7 |
| 唐山 | 2 | 2 | 9 | 11 |
| 廊坊 | 9 | 8 | 2 | 3 |
| 保定 | 4 | 3 | 5 | 2 |
| 沧州 | 6 | 5 | 4 | 4 |
| 衡水 | 7 | 9 | 3 | 5 |
| 邢台 | 5 | 6 | 1 | 1 |
| 邯郸 | 3 | 4 | 6 | 6 |

唐山市地处环渤海湾中心地带（南部为著名的唐山湾），南临渤海，北依燕山，东与秦皇岛市接壤，西与北京、天津毗邻，是河北经济中心，也是连接华北、东北两大地区的咽喉要地和极其重要的走廊。作为新兴工业化城市，其煤炭产业、精品钢铁、陶瓷制造、装备制造、综合化工、现代物流、高新技术、旅游休闲、服务产业、电力行业、新型建材、高效农业发达。从 2008 年起，唐山提出建设“四大功能区”：唐山湾生态城、凤凰新城、南湖生态城和空港城。唐山湾生态城（曹妃甸国际生态城）（唐山与瑞典、意大利、荷兰、新加坡等合作，全国只有上海浦东中英生态城，天津滨海新区中新生态城可以与之相媲美）到 2020 年，将累计投资 1 万亿元，建成一座 120 万人的世界一流的生态城市、港口城市、示范性城市、国际性城市和环渤海中心大都市，支柱产业。此外，唐山市获得了 2016 年世界园艺博览会的承办权，成为我国第一个承办世界园艺博览会的地市级城市，是世界园艺博览会首次利用采煤沉降地，在不占用一分耕地的情况下举办世界园艺博览会。2016 年恰逢唐山抗震 40 周年，在唐山南湖举办世园会，可以向世人展示唐山抗震重建和生态治理恢复成果，表明唐山人民保护环境、修复生态、实现资源型城市转型和可持续发展的决心[1]。从污染物排放情况看（见表 5-4），2011 年唐山的二氧化硫和二氧化氮的排放量全省第一，是污染大户。根据 2010 年污染普

[1] http://baike.baidu.com/view/4673.htm。

查动态更新数据，唐山市化学需氧量和氨氮排放量分别为20.90万吨/a、1.40万吨/a，居全省第二位（见表5-5）。未来以生态为特色的新唐山更不能容忍恶劣的环境条件，因此有必要在发展经济的同时，大力推广节能减排。

沧州市是河北省的一个地级市，位于河北省的东部，北依天津，南依山东，与北京、石家庄两大都市等距相望，是京津一小时交通圈内区域城市。京沪（北京—上海）铁路、京沪高速铁路（北京—上海）、朔黄（朔州—黄骅港）铁路和京沪（北京—上海）高速公路、石黄（石家庄—黄骅）高速公路在沧州交汇。京九（北京—九龙）铁路、朔黄（朔州—黄骅港）铁路在肃宁县交汇，并建有编组站。国家"九五"重点工程黄骅港和朔黄（朔州—黄骅港）铁路的建成，沧州成为西煤东运新通道的出海口和冀中南、鲁西北以及晋陕和内蒙古等西部地区对外开放的桥头堡，区位优势将日趋明显。沧州市自古有水旱码头之称，京杭大运河纵贯全境，有北京—福州、北京—广州、山海关—深圳、黄骅—银川、大庆—广州等国家级公路，北京—上海高速铁路在沧州境内通过，构成了四通八达的交通网络。中国特大跨世纪工程——黄骅综合大港，距日本九州港900海里，距韩国仁川港480海里，是一个多功能、现代化、综合性的国际港口，也是中国目前港口建设中一次性投资最多、工程规模最大的项目；工程全部建成运营后，将形成煤炭1亿吨，杂货5000万吨的年吞吐能力，居全国沿海港口前列，成为集煤炭、原油、成品油、杂货、化工、客运、集装箱为一体的中国北方综合性枢纽大港。沧州工业门类比较齐全，是经化工部批准重点建设的"化工城"，行业特色明显。化工、轻纺、机械、铸造、电缆、建材、管件、医药、食品、工艺美术是沧州市工业的骨干行业。沧州市化学工业产值占全省化学工业总产值的四分之一，是河北省重要的化工基地，主要产品有氮肥、烧碱、石油制品、农药、树脂、TDI等。从污染物排放情况看，沧州二氧化硫和二氧化氮排放量不高，但是根据2010年污染普查动态更新数据，沧州市化学需氧量和氨氮排放量分别为10.95万吨/a、0.78万吨/a，主要控制断面化学需氧量和氨氮的浓度在全省排第四位，水污染比较严重。因此，沧州身为化工城，更应注重环境污染的治理。

在河北省11个地市中，不同地区污染物的排放情况不同，有像唐山这种具有后发优势但是环境污染严重、急需治理的，也有像沧州这种化工城，一直都是污染大户，还有秦皇岛本身是旅游城市，对环境要求比较高。从现行排污浓度来看，各地的污染物浓度也是不同的（见图5-4和图5-5），沧州主要控制断面化学需氧量浓度和氨氮的浓度在全省排第四位，唐山两类污染物的浓度排位分别为第 9 位和第 11 位，秦皇岛两种污染物浓度在全省的排位都是第 7。因此，对来自不同地区的污染物需区别对待，在进行排污权登记时要体现地区类型。

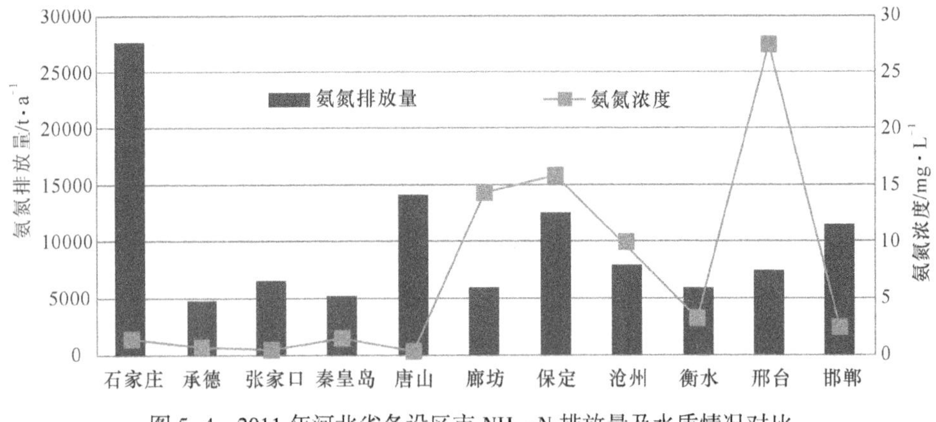


图 5-4　2011 年河北省各设区市 $NH_3$-N 排放量及水质情况对比

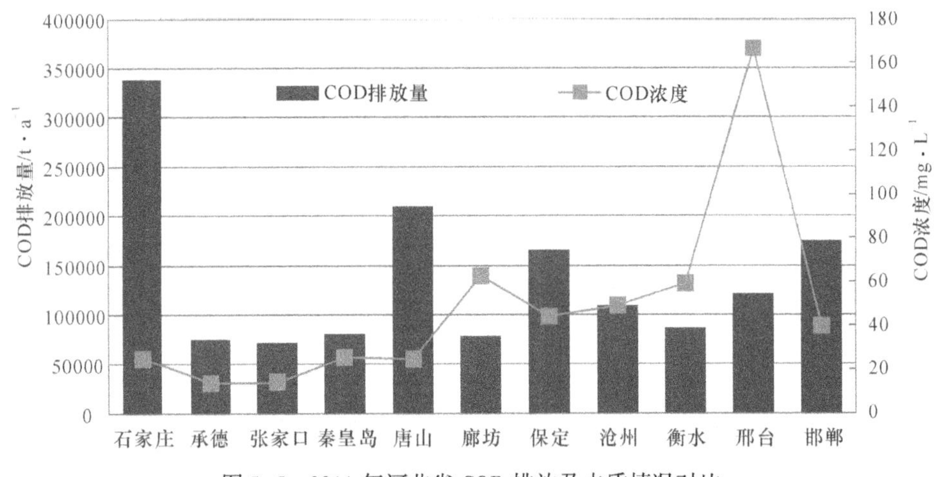


图 5-5　2011 年河北省 COD 排放及水质情况对比

按照目前的试点地区，结合四种污染物共有 12 种不同类型，即唐山地区二氧化硫排污权、唐山地区氨氮排污权、唐山地区化学需氧量排污权、唐山地区氮氧化物排污权，秦皇岛地区二氧化硫排污权、秦皇岛地区氨氮排污权、秦皇岛地区化学需氧量排污权、秦皇岛地区氮氧化物排污权，沧州地区二氧化硫排污权、沧州地区氨氮排污权、沧州地区化学需氧量排污权和沧州地区氮氧化物排污权。在进行排污权初始分配时要明确标注出来，要体现同质同价，不同地区的同种污染物的排污权的有偿使用费要体现出差异。在进行二次交易时，环境保护行政机构也要加强审核，酌情考虑跨区域的排污权交易是否合适，是否会超过环境的可承载能力。

# 第三节　河北省排污权的行业范围

根据污染者付费的基本原则，排污权的有偿使用在试点阶段只能选择污染排放量大、排污监测设施齐全的行业，等条件成熟再大范围推广。通过大气污染物和水污染物排放重点行业筛选，最终确定四个污染防治重点行业：火电企业、水泥、造纸、印染。

## 一、河北省污染物排放重点行业的确定

### （一）污染物排放重点行业确定的方法

河北省工业企业众多，其排放的二氧化硫和氮氧化物量大面广，为了便于试点工作开展，必须对全省排放 $SO_2$ 和 $NO_x$ 的企业按行业进行分类筛选。通过科学合理地建立筛选评价指标体系，得出全面准确的筛选结论，筛选过程中指标的选取是否合理，直接影响结果的准确性。因此如何科学地选择指标，构建指标体系，是筛选研究中首先要解决的问题。目前，常用的筛选方法包括以下几种。

1. 层次分析法（AHP）

层次分析法（AHP）由美国著名运筹学家 A. L. Saaty 教授于20世纪70年代提出，该方法把定性因素定量化，使评价更趋科学化。其基本思想是：根据问题的性质、要求和预期的总目标，将问题分解成不同的层次，一般包括目标层、准则层、指标层、方案层。通过同一层次之间的两两比较，依照规定的标度定量化后形成判断矩阵，这里的标度通常以相对比较为主，以1～9数字表示相对重要性。层次分析法能有效地解决多目标、多决策的问题，其基本步骤为：明确问题；建立层次结构；构造两两比较判断矩阵；层次单排序；层次总排序；一致性检验。

由于层次分析法将定性与定量相结合，综合考虑各方面的因素，加以综合评判，从而得到既定量化又较符合实际的评价结果。但层次分析法也存在一些不足，如进行多层比较时需要给出一致性比较，若通不过一致性检验，该方法就失去了作用，因此需对其不足进行改进。

2. 模糊综合评价法

模糊综合评价法是应用模糊关系合成的原理，从多个因素对被评判现象隶属等级状况进行综合评价的一种方法。采用“二八”定律，即在任何一组

东西中，最重要的只占其中一小部分，约20%，其余80%的尽管是多数，却是次要的，以此来进行主次划分。其特点是评价对象很多，评价精度要求不高，它是一种定量和定性相结合适用性更强的决策方法，可以应用在较多决策问题，但在影响因素识别分析中应用评语等级划分过于笼统含糊，无法具体说明影响因素的特质及其影响程度。

3. 回归分析法

回归分析法通常被应用在企业市场预测中，利用模型和各种因素未来可能达到的水平，推测现象未来水平的统计方法。刘宝等应用非参数回归方法直接从数据本身考察变量之间的联系，并且应用非参数回归预测值做变量关系图。回归分析图可以比较直观地反映因变量与自变量之间的关系，适合分析多因素对目标的影响程度。

4. 综合评分法

此法是采用打分的方式，以待选品种的综合得分的多少来排出先后次序，从而达到筛选的目的。筛选前，事先需设定评分系统和权重，将各参数的数据分级赋予不同的分值。筛选时，给待选的品种按一定的指标逐一打分，各单项的得分叠加即为每一品种所得总分，然后设定基本分数线来筛选各待选品种的顺序。综合评分法采用单项指标法，基本思想为：首先为各单项指标制定定量标准，有些不易定量的参数，利用定性-数量化方法进行标准化定量；参数分值叠加作为待选品种的总分值，分值越高，表明待选品种的影响越大。为计算简单，定量参数多采用倍量定值，这样既可使分值下降，也可降低对原始数据精度的要求，使之更符合实际情况。对各单项指标的分值，通过专家打分的方式，引入权重系数，进行加权计算，并按计算结果进行排序和初筛。对初筛结果在综合考虑了各影响因素的基础上，进行复审、调整，得出适合的筛选名单。

综合评分法较为全面，且简单易行，但是某些指标间存在矛盾的情况在总分值上得不到反映，或被忽略掩盖；某些参数的分级赋值较困难，不同的赋值范围及计算权重的确定往往带有一定的主观因素。此法多用在判定种类较少，判定区域范围较小的情况下，范围较大且种类较多时此方法就具有一定的局限性。将三角模糊数学法与综合评价法结合应用，其结果较为准确。

5. 灰色关联分析法

灰色关联分析法是模糊数学派生出的一种决策方法，其基本步骤为：（1）确定指标特征量矩阵。将各个方案的所有指标以矩阵的形式表示，该矩阵也称为决策矩阵。(2) 理想方案的确定。将理想方案的指标与决策矩阵组成新的矩阵。(3) 特征向量矩阵的规范化。由于指标具有不同的量纲，且数值间差异较大，为消除它们对决策结果的影响，需要对指标特征量矩阵作规范化处理，转化为规范化矩阵。(4) 指标权重的确定。由专家对各个指标的重要性打分，作为指标权重，并用矩阵表示。(5) 关联系数的计算。按照邓氏经典公式计算各指标与理想方案对应指标的关联系数，构成关联系数矩阵。(6) 关联度的计算。将权重与所对应的指标加权求和，可得各方案的综合关联度，关联度越大说明该方案与理想方案越接近，关联度最大者为最优方案。

传统的灰色关联度分析法没有考虑评价标准的区间形式、分辨系数 $\rho$ 的取值以及各指标的权重，使得评价结果误差较大。对灰色关联分析法中权重的计算可采用层次分析法和相对距离法来改进。模糊综合评判法中的隶属函数和灰色关联分析法中的关联系数计算是可行性分析的先决条件，必须慎重选择表达式。将模糊数学中的隶属度函数与灰色系统理论中的灰色关联度结合，允许决策指标间补偿，且不要求指标间相互独立，能充分体现决策过程的数学特征。

### (二) 河北省大气污染物排放重点行业

根据表 5-1 的统计结果，各类污染源共排放 $SO_2$ 达 1437823.56t，$NO_x$ 达 1712931.99t。其中工业源排放 $SO_2$ 和 $NO_x$ 分别占总排放量的 93.01% 和 67.94%。据此，本书研究主要考虑工业企业源的主要影响，采用模糊综合分析法对河北省排放 $SO_2$ 和 $NO_x$ 的企业进行分类筛选。结合调查表中 $SO_2$ 和 $NO_x$ 的排放量，根据污染源普查和 2010 年动态更新调查数据，河北省排放 $SO_2$ 和 $NO_x$ 的主要行业有电力、钢铁、水泥、化工、造纸等行业。

### (三) 河北省水污染物排放重点行业

目前河北省产业结构中，食品、纺织服装、医药、化工等水污染物排放量大的传统行业产品结构调整缓慢，依托高新技术的产品较少，水污染重点行业排放量占比明显偏重。2010 年污染普查动态更新数据表明，全省工业 COD、$NH_3$-N 排放量主要集中在造纸及纸制品业、化学原料及化学制品制造业、农副食品加工业、医药制造业、纺织业五个行业，这五个行业的 COD、$NH_3$-N 排放量分别占全省工业 COD 排放量的 67%、$NH_3$-N 排放量的 73.6% (见表 5-6)，结构性污染问题突出并将长期存在。

**表 5-6 2010 年全省水污染排放重点行业基本情况**

| 行业名称 | 工业 COD 排放量/万吨 | 工业 COD 排放占比/% | 工业 $NH_3$-N 排放量/万吨 | 工业 $NH_3$-N 排放占比/% |
|---|---|---|---|---|
| 造纸及纸制品业 | 4.19 | 24 | 0.1912 | 11.2 |
| 化学原料及化学品制造业 | 1.85 | 10 | 0.595 | 34.8 |
| 食品制造业 | 3.18 | 18 | 0.19 | 11.1 |
| 纺织印染业 | 1.75 | 10 | 0.1434 | 8.4 |
| 医药制造业 | 0.924 | 5 | 0.1387 | 8.1 |
| 其他行业 | 5.86 | 33 | 0.452 | 26.4 |
| 全省工业水污染物排放量 | 17.76 | 100 | 1.71 | 100 |

## 二、河北省排污权适用的行业范围分析

从全国情况来看，虽然排放大气和水污染物的企业众多，但是毕竟排污权的有偿使用和交易在国内处于起步阶段，很多省份采取的是分行业试点，在选择试点行业时侧重污染比较重、影响比较大的行业。比如《湖南省主要污染物排污权有偿使用和交易实施细则》规定：在长沙、株洲、湘潭三市的化工、石化、火电、钢铁、有色、医药、造纸、食品、建材等行业先行试点，取得成功经验并经省人民政府批准后可逐步向全省推广。结合大气污染和水污染重点行业的分析，在试点阶段，可以选择污染比较重的支柱产业：火电、造纸、印染和水泥作为排污权的试点行业。

### （一）河北省主要排污行业

电力是国民经济发展的重要能源，火力发电是利用煤、石油、天然气等固体、液体燃料燃烧所产生的热能转换为动能以生产电能，是我国和世界上许多国家生产电能的主要方法。由于以煤作为燃料，煤中含有硫等有害杂质，因此对设备的腐蚀和环境的污染都相当严重。根据中国工程科学院的研究，我国的环境容量里二氧化硫为 1200～1800t，氮氧化物为 1200t，从 2009 年的排放数据看，仅电力行业就已经排放了近 2000t 的二氧化硫和 1400t 的氮氧化物[1]。2012 年 1 月 1 日实施的《火电厂大气污染物排放标准》把二氧化硫和氮氧化物列为主要大气污染物，提出了排放限值要求。因此，火电企业是大

---

[1] http：//www.doc88.com/p-782441417456.html。

气污染物中二氧化硫和氮氧化物的排污大户，一直以来也是世界各国污染治理的主要行业。美国的酸雨计划首当其冲针对的就是电力行业，因为在20世纪80年代，美国每年硫氧化物的排放总量中有75%来自火力发电厂（其中，50家设备落后的老火力发电厂的硫氧化物排放量就占了总排放量的一半）。

水泥工业是河北省的重点产业，同时也是粉尘、二氧化硫和氮氧化物的重要排放源。王永红等（2008年）在《我国水泥工业大气污染物估算》一文中指出，1995年以来随着水泥产量的增加，污染物排放量增长迅速，山东、浙江、江苏和河北等水泥生产大省污染物排放量较大，占全国总排放量的46.6%。根据中国建筑材料科学研究总院编制第一次全国污染源普查工业污染源产排污系数手册的水泥制造业产排污系数表，以钙、硅、铝等为原料使用新型干法制造水泥企业，规模等级在日产熟料4000t以上的化学需氧量的排污系数为0.12，氮氧化物的排污系数为1.584，二氧化硫的排污系数为0.132。

1995年以来，我国纺织品出口额均排在世界首位，出口刺激了国内纺织品产量的快速增长，作为纺织品出口大省，河北省2010年纺织业总产值973.97亿元，纺织品生产链条之一的印染业对水污染严重。由于染整过程中产生的废水量很大，一般可达印染企业用水量的70%～90%。目前我国平均每染100m布产生废水4～5t。因此，产量的增长势必带来废水量的增加，纺织印染行业废水排放量居全国工业废水排放量的第五位。造成印染废水色度的是排放出的染料，印染加工过程中有10%～20%的染料随废水排出，废水中的染料能吸收光线，降低水体透明度，对水生生物和微生物造成影响，不利于水体自净，同时造成视觉上的污染，严重的会影响人体健康；而且随着花色品种的增加，染整工艺不断更新，其中某些工艺导致了污染的加重。如近年来流行的碱减量工艺，由于纤维中大量的对苯二甲酸被溶出，导致化学需氧量含量大幅增加，其废水中化学需氧量可达20000～80000mg/L；同样原理，海岛丝工艺的废水中化学需氧量高达20000～100000mg/L。根据表5-6，2010年河北省纺织印染业COD排放量达到1.75万吨，氨氮排放量达到0.1434万吨。

2010年河北省共有309家造纸企业，总产值达到349.02亿元。据测算，我国大部分企业吨浆纸综合取水量为103t左右，造纸企业一直是公认的水污染排放大户。根据表3-6，2010年河北省纺织印染业化学需氧量排放量达到4.19万吨，占全省工业化学需氧量排放的24.2%，氨氮排放量达到0.1912万吨，占全省氨氮排放量的11.2%。

通过在火电、水泥、造纸、印染行业试行排污权制度，以点带面，帮助那些未纳入有偿使用体系、无偿获得排污许可证的企业提高减排意识。通过排污权有偿使用和交易系统的配合，使那些无偿获得排污许可证的企业看到减排的经济效益。因为目前这些无偿获得排污许可的企业在参与河北省的排污权交易时是看不到任何经济利益的，企业无法得到实惠，自然没有动力去减排，排污权交易市场清淡。同时，对环保部门来说，排污权的有偿使用毕竟是一种新生事物，万事开头难，通过在典型行业的试点，做到出现问题及时解决，积累经验和教训。在试点一段时间之后，无论是企业对污染者付费理念的认可度还是环保部门的业务熟练度都有了一定提高之后，排污权有偿使用信息系统逐渐成熟，企业排污的在线监测技术水平有了一定的提高之后，可以在全省所有排污行业大面积推广。

### （二）河北省排污权适用的主要行业类型

河北省排污权的试点行业主要有：火电、水泥、造纸和印染。从其排污数据来看，都是污染大户，但是主要污染物排放的品种不同，需在进行排污权初次分配时加以明确。火电和水泥企业的主要污染物是大气污染物，即二氧化硫和氮氧化物；而造纸和印染企业主要排放的是水资源污染物，即化学需氧量和氨氮。此外，不同行业同种污染物排放浓度差别也很大，在排污权有偿使用费上最好能有所体现，在是否进行跨行业交易时要酌情考虑。

## 第四节　河北省排污权的新、扩、改、老问题

根据上述河北省排污权制度设计，在试点期间，秦皇岛、唐山和沧州的火电企业、印染企业、造纸企业和水泥企业排放二氧化硫、氮氧化物、化学需氧量和氨氮要缴纳有偿使用费，才能获得向周围环境排放污染物的权利。那么对那些新增污染源（包括新增排污企业、老企业的新建或改建或扩建污染源，以下简称新、扩、改、老），如何获得污染物排放权呢？这里有几个问题需要明确，首先，这些新增的污染源的排放量不能超过区域污染物控制总量，不能超过环境容量的限制，否则排污权有偿使用和交易机制就失去了意义；其次，这些新增的污染源的排放权的获得不可能无偿，必须坚持有偿，否则有失公允，排污权制度难以持续推行；再次，这些新增的污染源的排放权的获得应与初次有偿配售的价格有一定差异，以体现新老有别，因为毕竟新增的污染源是在有偿分配制度实行一段时间之后才申请的。因此，在排污

权制度中还需要对新、扩、改、老项目需新增主要污染物排放指标的获取作出明确的规定。

从国内排污权有偿使用和交易实施情况来看，根据《湖南省主要污染物排污权有偿使用和交易工作规程（试行）》，新、改、扩建设项目增加污染物排放量，或排污单位因实际排污量超过许可排污量的，均需购买排污权。新、改、扩建设项目以环评审批核定的污染物排放总量控制指标作为其排污权购买量。排污单位因实际排污量超过许可排污量而需要增购排污权时，环保部门在不影响区域环境质量、满足达标排放和总量控制要求的前提下，核定其购买量。排污单位可通过向交易机构申购或通过其他市场交易等方式获得排污权。《嘉兴市南湖区污染物排污权交易办法（试行）》规定，新增污染源按照新增排污量的1.2倍（一般污染行业）或1.5倍（重污染行业）向交易中心或排污权可转让方购买。向交易中心购买的按区政府确定的排污权交易初始指导价实行，向排污权可转让方购买的按市场价实行。2010年嘉兴市南湖区出台了《企业新增排污权实施意见》，2011年又出台了《企业出让排污权实施细则》等配套办法。南湖区根据新增项目需求，在总量控制范围内适时进行排污权拍卖，在充分体现公开、公平、公正的原则上提高了环境资源配置效率。南湖区先后举行了7次排污权指标拍卖会，尤其是在2010年10月份的拍卖会上，化学需氧量平均成交价达到20万元/t，创出了国内排污权价格新高。《内蒙古自治区主要污染物排污权有偿使用和交易管理办法（试行）》规定，建设单位新、改、扩建项目需新增主要污染物排放指标的，在其环境影响评价文件报审前，由自治区环境保护行政主管部门核定总量后，通过排污权交易平台交易取得相应的主要污染物排污权。新、改、扩建项目竣工环境保护验收时，排污单位实际排污量大于环境影响评价审批确认的排污量的，报自治区环境保护行政主管部门批准后，通过排污权交易平台以2倍成交价格增购排污权指标。现有排污单位因改、扩建需增减主要污染物排污权的，须经自治区环境保护行政主管部门确认并取得相应主要污染物排污权后方可进行改扩建。从国内实践来看，新、扩、改、老项目新增污染物排放量一般都是需要从排污权交易市场购买，购买量以环评审批的总量控制指标为基础，在数量确定的程序上略有不同。内蒙古自治区的新、改、扩项目是在环境影响评价报审前，由环境保护行政主管部门核定总量再购买，项目竣工验收时如果超量排污会惩罚性要求企业以2倍的价格购买指标。嘉兴市则是直接让企业在环评基础上增量购买以减少超额排放问题的出现。各地的购买价格相差较大，嘉兴南湖区采用拍卖形式，市场化程度较高，但是也增加了企业的排污成本，其他地区多以市场价格为主。

据此，为了实现与其他地区排污权交易制度的衔接，河北省针对新、改、扩、老项目的排污权获得也应以总量控制为基础，以体现新老有别，新增污染物的排放权宜从交易市场依据当时的市场交易价格购买。购买的数量确定以环评为基础，由环境保护行政机构结合总量控制目标和交易市场同行业的富余排污指标来确定。在制度推行初期，考虑相较于之前的无偿获得排污权企业已经有了一定程度的成本增加，不宜推行拍卖的形式。但在排污权有偿使用和交易制度逐步成熟之后，可以适当考虑对新建企业的排污权取得采用拍卖的形式，价高者得，实现市场对资源的有效配置。

# 第六章　河北省排污权的期限问题探讨

排污权制度不是单纯依赖市场就能“减排”的制度，而是以强有力的政府排污权数量调控为基础的，以市场自由交易来弥补政府强力调控的不足，缓解企业环境资源配置困局，以便于其自主安排生产的综合性环境管理制度，政府和市场的作用都不可忽视，而且其力量配比还要讲究一个“火候”。能把政府和市场的力量综合在一起的排污权的细致制度有多种，排污权的期限设置是其中基础性的一项，试点工作中的排污权期限设置多数存在忽视政府在排污权制度中的环境调控余地的问题，使得政府在排污权制度中对环境恶化束手无策，无法调控环境。排污权的期限设置承载着及时调控污染排放水平和环境质量、促进企业自主调整资源配置结构并合理安排生产的功能，不是简单划定一个期限就完事的。河北省和大多数试点地区的排污权期限设置都无法承担起环境调控的功能。

## 第一节　排污权期限设置情况及问题的提出

### 一、河北省排污权试点初期的期限设置

排污权试点初期，国家对排污权期限没有规定，各试点省市文件中也大多没有明确，是一种鼓励多举措尝试的态度。

河北省排污权试点初期的实际工作中，主要采用单一环境规划周期内有效的做法。这种设置方式经过了多因素多角度研究分析，是适应实际工作的一种选择。因为在环境容量估测算（总量控制）问题较多、实际排放量超过环境容量（环境污染较为突出）的情况下，排污权期限设置主要以实际工作和配套制度为参考。环境规划 5 年一个周期，每个规划周期内排放政策基本维持统一指导思想的特点，排污权期限限定在一个规划周期内，可以近似反映该周期内的环境总量调控意向。同时，考虑到企业数量众多，排污权管理部门的配置核定工作能力有限，单一、统一周期进行到期失效与再次核发，工作比较便于开展。当然，这样做也规避了一些企业自身的储存、结转等复杂问题。

## 二、其他试点省市及国外的排污权期限结构情况

### （一）其他试点省市排污权期限类型和做法

1. 以5年为主的单一期限

这种做法主要依据是与环境规划期限相一致，便于根据规划核定排污权总量与企业个量；在国内试点省份中，《湖南省主要污染物排污权有偿使用和交易管理暂行办法》规定：主要污染物排污权有效期为5年，5年期满需要重新缴纳主要污染物排污权使用费，获得主要污染物排污权。根据《山西省主要污染物排污权交易实施细则（试行）》，环境保护行政主管部门可结合国民经济发展规划和主要污染物总量控制政策，对排污单位主要污染物排污总量指标每5年进行一次调整，并向社会公示。通过有偿方式取得排污总量指标的建设项目参与下一个五年规划期排污权的核定。已关停或关闭的企业不参加下一个五年规划期排污权核定。该种做法比较简单，可操作性强，企业有偿使用的排污权能够根据环境容量作出调整，有利于减排目标的实现。

2014年8月，《国务院办公厅关于进一步推进排污权有偿使用和交易试点工作的指导意见》（国办发［2014］38号）三、（四）规定：合理核定排污权……以后原则上每5年核定一次。虽然没有明确排污权有效期，但实际上表明了排污权5年一个期限轮回的意思。

2. 多种期限但相互无配合关系

这种做法体现为根据现有排污证情况，分别设1年、3年、5年等类型，延续现有排污证期限管理。根据《嘉兴市主要污染物初始排污权有偿使用实施细则》，排污单位可按5年或20年使用期申购初始排污，价格不一，5年使用期：化学需氧量（COD）2万元/t，二氧化硫（$SO_2$）0.5万元/t；20年使用期：化学需氧量（COD）8万元/t，二氧化硫（$SO_2$）2万元/t。企业可以根据自身情况自行决定购买何种期限的排污权。这种期限结构的规定，对企业来说比较灵活，可以根据生产情况和自身实力决定排污成本，实力薄弱的企业可以购买期限短、目前成本低的排污权，实力雄厚的大企业可以购买期限长的排污权，还可以获得降低长期排污成本的好处。

3. 不定期限

不定期限又分为两种，（1）做永久期限看待，划定期限带来企业的负担加重和实务繁琐，增加排污权的工作难度；但是，现有排污权的数量确定是在现行总量调控目标和企业生产情况的基础上确定的，如果不确定期限，未来政府调整总量调控目标，企业减排数量如何调整呢？因此这种做法不利于未来减排目标的实现。（2）不说明期限，即期限待定，企业获得排污权后先

用着，等国家政策法规明确后再调整。因为毕竟排污权有偿使用和交易还处于全国试点阶段，试点地区因地制宜自由度比较大，出台的法规主要针对本地特色。等大范围推广之后，政府部门肯定会在期限上作出统一的规定，为省去不必要的麻烦，可以考虑暂不规定期限。

### （二）国外在排污权期限设置中的做法

多种期限并相互配合。这是一种理论上的最优模式，也是美国采用的期限类型模式，对每种污染物和每个企业都配售1年、3年、5年、10年等不同期限的排污权；短期的用于企业灵活安排生产，并为政府环境部门的年度环境政策、削减额度和排污权储备调整提供方便，长期的可为企业远期生产和减排计划提供保障，便于排污权倒逼机制和利益引导机制发挥作用，中等期限的可供企业自主使用，并且每种期限都可用于节余储备，可用于交易和使用。

## 三、排污权的时间特性及设置的重要性

在排污权制度中，不但要区分不同的污染物，而且要体现时间特性。排污权的时间性有两层意思：(1) 排污权所设定的排放指标是有时间性要求的，不允许把年度指标在很短的期限内用完；否则，该环境区域内的某种污染物会在短期内超量聚集，浓度超过环境的承载能力，形成污染。(2) 排污权在数量上不是一成不变的，随着人们对环境质量要求的变化，环境容量标准可能会有所不同，而地域排放总量控制的数量任务也会发生年度调整，区域内产业结构、企业兴衰也会变化，所以排污权一般都设定有效期，期限届满，依据新的情况重新配置。参照美国的经验，1年、3年、5年、7年等不同期限的排污权可以同时存在，以利于企业长期发展战略的制定和实行，还可避免每年全部配额更换所带来的较大影响，对排污权的二次交易及其市场稳定也非常有利。

多期限综合合理配置是排污权期限设定的基本要求，单期限设置，无论是长到无期限，短到无期限，还是单一的固定期限，都会把排污权这种市场调整与政府调控相结合的新型环境管理制度的手脚捆起来。

# 第二节　排污权期限是政府和市场相结合调控环境的重要着力点

## 一、排污权强调行政干预和调控

现在有一种说法，认为排污权制度可以使排污指标像萝卜白菜一样自由

买卖，这种说法借助媒体散播，广为流传。这是对排污权制度的一种严重误读，会严重影响排污权制度中的政府调控地位。

萝卜白菜象征一种技术和市场门槛低，大众供给大众需求的竞争性商品，其市场具有明显的“完全竞争市场”特征。该种市场不受任何阻碍、干扰和控制，每一个购买者和销售者的购买和销售决策对市场供给、需求和价格都没有任何影响，这种市场多见于私人产品的消费品市场。

而排污权交易市场与萝卜白菜市场有着本质的不同。

首先，排污权是一种人为设置的环境管理制度，其天生带有“管理”的使命，是对环境质量主要是污染排放进行管理，不可能放任“完全竞争”。因为竞争不单纯发生在企业排放者之间，还发生在企业排放者与以环境为生存基础的普通民众之间，民众与企业能在排污权问题上“完全竞争”吗?

其次，排污权是对环境容量进行的细化分割，而环境容量是有限的，排污权的供给曲线不可能像萝卜白菜一样无限延伸下去，而必然是在达到一定数量后向后折弯的。以2014年1月16日晚石家庄空气质量指数AQI达到828为例，污染物的排放远远超过环境容量，排污权的需求曲线与供给量曲线不可能交叉，而人为使这两条曲线能交叉起来的活动，必然是对市场施加“阻碍、干扰和控制”。

再次，排污权是环境资源化基础上的公共产品，对其使用带有明显的非排他性，并且会对其他社会成员带来影响，与社会公众利益密切相关；这与萝卜白菜的私人产品性质完全不同，政府必须担起调控的责任，不能使其“完全竞争”。

最后，排污权的最终供给者只有政府一家，因为只有政府能代表公众行使环境公共资源的管理权，即使市场制度最为发达的美国也是由环保局作为初始排污权的唯一供给者，这种特点使得排污权天生就不是处在“完全竞争”的市场上，与萝卜白菜不可能一样。

由此可见，排污权与萝卜白菜不一样，排污权市场与萝卜白菜市场也不一样。萝卜白菜市场竞争越完全，越不受“阻碍、干扰和控制”，其供给、需求和价格越平稳，民众越受益。排污权市场就不一样，作为最终供给者的环保部门越科学严密地根据环境容量供应有限的排污权，越科学严密地根据实时环境质量调控市场上的排污权存量，越科学严密地“阻碍、干扰和控制”排污权市场，影响其价格、供给和需求，区域污染排放才越可能受限，环境治理才越可能有资金保障，环境质量才可能越好，民众才能越受益。

显然，排污权市场与萝卜白菜市场存在着关键性的区别，排污权市场不是完全竞争性市场，而是必须受到环保部门干预的。把排污权交易比作萝卜白菜交易，抹煞了排污权制度中包含的政府环境调控属性，这是当前排污权交易试点工作中一个重要认识误区。

## 二、排污权强调借助市场手段进行宏观调控

排污权交易试点工作中有一种现象，就是不知不觉地把排污权做成了一种“行政性管理”手段，强调企业排污者必须购买排污权后才能排污，强调企业排污者必须在排污权限额内排污，强调企业排污者的排污权一经核定若干年固定不变，而且排污权由排污许可证记载的指标来表示。这种做法经企业总结后成为：要排污先交钱（排污权费），交完钱就可以排，排完后再交钱（排污费），把它看作是一种新增的行政收费方式。受传统行政性管理惯性的影响，一些环保部门也把排污权制度做成了“以批代管、以费代管、只批不管”模式，忽视了排污权制度的“市场性”，也忽视了排污权制度的环境调控性。

排污权制度是以市场为生命的，它由两级市场组成，初级市场重政府环境资源控制，二级市场重排污者环境资源自由调配。同时，政府还应该在二级市场开展公开市场业务，调控市场上的排污权总量，并借助初级市场对二级市场的影响进行调控工作。

排污权初次配置的使命主要不是“收费”，而是控量。费收得再多，量控不住，环保也会成为空话。在当前排污权与排污收费并行的条件下，成本倒逼是排污收费的主要功能，排污权则应把主要作用点放到总量调控和利益引导方面。其中，总量调控包括初次配置时的区域排污权总量控制，排污权到期后再次进行初次配置总量控制，根据环境政策、区域环境质量或突发环境事件进行的灵活调控，在二级市场上以环境调控为目的、以市价进行的买进和卖出活动。利益引导是排污权这种市场性环境管理的精髓所在，目的是在排污权总量受到控制的前提下，发挥市场配置资源的作用，把环境资源用到市场生存能力最强，也就是盈利能力强而排污少的行业和企业，最终实现产业结构调整和企业转型。

可见，排污权制度不是单纯的审批、收费和简单控制，而是在审批、收费之后，要不断地根据环境质量需要，在事中加强排放监控的同时，借助各种手段进行排污权数量和使用情况的调控，在事后加强违规查处力度并改进制度和办法，以实现“市场起决定性作用”和“更好发挥政府作用”的效果。与传统环境管理相比，排污权强调借助市场手段进行宏观调控。

政府环境部门的事中调控手段有多种，合理的排污权期限设置是其中重要的一种。

## 第三节　排污权期限设置不当会引致环境调控问题

当前排污权交易试点工作中排污权期限设置主要分无期限和固定单一期限两种情况，固定单一期限又有 3 年期和 5 年期两种类型。从理论上来看，这些期限设置都无法承担起环境调控的功能。实际工作中，多数试点区域也没能借助期限设置开展环境调控工作，使得排污权制度设计中的环境调控功能归于落空。

### 一、无期限设置会导致排污权丧失环境调控功能

排污权的无期限设置，即排污权在初次配售时不设定期限，实际执行中如果没有更高效力的政府文件对其进行相反规定，其有效期将一直延续，有人称之为“永久期限”的排污权。排污权的无期限设置在实际工作中必然会导致以下两种结果。

（1）如果排污权是严肃的、严格的，是在环境管理中被广泛遵循的，那么，企业排污者在购买之后，在排污权有效期内，其实就是“无期限的长期”内，有权按照排污权设定的指标排放污染物，一切阻挠、妨碍、影响企业按照排污权排放污染的活动都是被禁止的。因为排污权是企业花钱购买的，是存在市场价格的，是企业的一种资产，环保部门不征得企业同意即废止或收回排污权是侵犯企业财产的违法行为，环保部门强行以低于市场价格回购排污权是掠夺企业财产的违法行为。

但是，区域初始排污权总量的测定具有极为复杂的技术难度，目前在世界范围内仍是一个难题，正常情况下，区域初始排污权总量在测定并配售给企业排放者之后，要根据运行情况不断修正，以获取一个最接近区域常态环境容量的排污权总量，这种修正就是一种调控。而排污权的无期限设置使得初始排污权总量一经设定便不再修正，这是违背基本科学常识的。同时，影响区域环境容量的因素是动态变化的，从而对应的排污权也必须是随之变动的，否则就不能保证区域环境质量，这就需要环保部门必须掌握一定的排污权调控手段，而排污权的无期限设置砍掉了环保部门调控的手脚。还有，近一段时期以来，环境突发事件发生频次在我国呈上升趋势，在出现环境突发事件时，排污权的无期限设置屏蔽了环保部门的正常调控手段，把环保部门

对企业的环境应急控制都设定成了单纯行政强制，不利于依法行政。此外，排污权的无期限设置把环保部门置于了执行政策和维护排污权尊严的两难境地，限制了合法合理缩减企业排污指标的可能性。

由以上分析可以看出，排污权的无期限设置会导致政府环境部门丧失环境调控余地和手段，使环境无法调控、不可能调控。而在政府不调控环境的情况下，最终排污权会被社会认作是政府行政性重复收费。

（2）如果在排污权无期限设置基础上，赋予环保部门根据技术原因、环境质量追求原因、突发环境事件和上级政策要求进行排污权数量调控的权利，也就是说，环保部门在企业购买排污权之后，有权自行决定限制其使用，有权强行要求企业额外减少排放；从企业和社会公众的认识来看，排污权就是不严肃的、不严格的，是可以不遵循的，最终，排污权就成为环保部门与企业和公众开的一个“玩笑”。排污权的信誉扫地，推出排污权的政府部门的信誉也会随之受到影响，排污权制度在社会上终将名存实亡或试点失败。

## 二、固定单一长期限设置会严重影响环境调控功能的灵活性和及时性

固定单一长期限设置主要表现为把排污权设定为唯一的5年期，企业排污权5年期满作废，环保部门每5年核定一次区域排污权总量并进行初始排污权配售。这种做法主要依据我国环境规划以5年为周期的特点设定，可以保证区域排污权总量与当期环境规划目标的一致性，并可以借助5年一次排污权总量重新核定的做法，实现5年一次的区域环境调控。

排污权的固定单一长期限设置在一定程度上可以实现排污权的环境调控功能，但是，这种调控仅限于5年一次，周期长，手段单一。在环境质量良好，且长期保持平稳的情况下，减排任务宽松，环保目标能获得满足，环境调控的迫切性和紧急性一般要求不高，这种长周期单一手段调控有可能满足需要。但我国的现实情况是：企业排放高速增长，严重超过环境容量，环境质量严重恶化；国际、国家和区域减排压力巨大，必须经常性不断安排减排工作；污染排放物长期在环境中累积、积聚和相互反应，多数地区已达或超过安全警戒线，这种历史欠账必须逐步归还；严重环境污染事件和突发环境事件频发，环保部门必须临时性紧急、灵活应对。很显然，5年周期单一手段环境调控是无法满足上述现实情况需要的。

在5年一次的环境调控周期内，与上述无期限设置相类似，区域排污权数量无法调整，企业排污权数量不能调整，环保部门5年内对环境恶化无动于衷，必然会饱受公众诟病，被认为是只收费不干事（调控），排污权也会像

无期限设置的情况一样，被认为是行政性排污收费的翻版。同样，如果环保部门在5年期内对购买排污权的企业进行限制使用、强行回购、强行额外限排，也会导致排污权丧失严肃性、信誉和价值，最终不被社会认可。

可见，排污权的固定单一长期限设置虽然可以有一定的调控余地，但没有调控的灵活性和及时性。在我国当前严峻的环境条件下，这种调控显然不能满足现实需要，最终会落得与无期限设置类似的结果。

## 三、固定单一短期限设置既不利于调控又不利于企业自主安排生产

固定单一短期限设置的做法是把排污权设定为唯一的3年期，企业排污权3年期满作废，环保部门每3年核定一次区域排污权总量并进行初始排污权配售。这种做法主要依据现实中多数排污许可证以3年为有效期的特点设定，便于排污权以现行的排污许可证为载体直接推行，并可以借助3年一次排污权总量重新核定的做法，实现3年一次的区域环境调控。

排污权的固定单一短期限设置比前面两种期限设置都有利于环境调控，3年周期对区域排污权总量和行业企业排污权分配量进行一次调控，与无期限设置的不调控显然有质的区别，比5年周期的调控更具有灵活性和及时性。但是，基于上文对我国调控需求的现实分析，这种3年周期的调控是否能满足要求呢？3年太久，只争朝夕，我国当前对环境调控的需求是历史上最迫切的，也是全世界最急切的，3年调控间歇期，会有多少环境污染事件、多少公众环境批评和意见、多少减排新政策新任务、多少环境突发事件？我们只需回顾最近的三年，答案就会很明晰。所以，排污权的固定单一短期限设置的环境调控灵活性和及时性与现实需要仍然有较大差距，仍不能避免前两种期限设置导致的诟病和问题。

另外，排污权的固定单一短期限设置还会导致工作量过大和企业生产自主性受限的问题，有管得过多、过细，环保部门累企业也累的嫌疑。固定单一短期限设置要求每次都对原有区域排污权总量、行业排污权分配量、企业排污权分配量推倒重算。对环保部门而言，3年期限，基本就是刚完成上一轮配售就必须开始下一轮估测、统计、测算、配置、协调等繁杂工作，根本无暇考虑中间的调控事宜。对企业而言，每次初始排污权配售都必须申请、协助审核、到期前核定汇总上报结算，3年一周期，事务繁杂不断。固定单一短期限设置使企业在本3年内不知道下一个3年能分配到多少排污权，由于企业生产经营是连续的、需要长期计划安排的，3年一周期对企业而言，会频繁地打断和干扰企业的持续性或扩张性发展规划和生产计划，易造成政府直接

干涉企业生产、妨碍企业自主生产经营的问题。

## 第四节　排污权多期限综合合理配置

### 一、设置排污权期限应当综合考虑两类需要

从及时调控污染排放水平和环境质量的需要出发，排污权期限应当设置得尽可能短，以留出调控的余地，并满足调控的灵活性和及时性。但短到一定程度，排污许可指标朝令夕改，环保部门想什么时候调就什么时候调，想调多少就调多少，那排污权制度就不存在了。同时，面对非常短的期限，企业无所适从，不知道自己下一步该不该接订单，该不该进原材料，不知道自己下一步还能不能生存。这种情况下，企业还会上马减排设备、应用减排技术吗？答案是否定的。所以，单纯短期限设置是不行的，同时，短期限也应该有个度。

从促进企业自主调整资源配置结构并合理安排生产的功能需要出发，排污权期限应当设置得尽可能长，给企业留出较长的自我规划、自我调整、自我发展周期，减少环保部门的调控。而前文已经分析过，太长的排污权期限设置贻害无穷，会葬送环境质量、排污权制度和环保部门的声誉。

那么，面临这两种极端化的矛盾需求，排污权的期限设置到底该怎么办？应该多期限综合合理配置。

### 二、多期限综合合理配置的基本观点

所谓多期限综合合理配置，就是把排污权划分为期限不同的几种类型，长期、中期、短期综合搭配，好比随身携带的现金，有大面额、中等面额和零钱综合搭配，与满足购物、打车、坐公交等不同需要一样，去满足重大环境调控、日常环境调控、灵活市场供求和企业安排稳定生产的多种需要。环保部门的环境调控，对排污权总量而言，只能是微调，是对现有社会排污许可量的部分缩减或扩张（目前扩张型调控基本不会出现），所以，可以把这种预计可能调控的量设定为短期的，把预计调控不到的量设定为长期的，如果环保部门对这种预计数量定不准，可以再设一种中等期限的，用于两面替补。

排污权理论认为，多期限综合合理配置是排污权期限设定的基本要求，单期限设置，无论是长到无期限，短到无期限，还是一个单一的固定期限，都会把排污权这种市场调整与政府调控相结合的新型环境管理制度的手脚捆起来，既不能市场调整又不能政府调控，最终成为“四不像”。美国的排污权

交易实践中存在着1年期、3年期、5年期、10年期多种排污权，配合使用，效果明显。

我国目前处于传统工业化向后工业化的过渡阶段，大量高耗能高排放行业和企业处在国家引导的产业结构调整和工业企业转型的过程中；同时，环境问题异常严峻，环境容量异常紧张，排污权的环境调控肩负产业调控和环境调控的双重使命，企业的排污权期限也就是稳定生产期限不宜太长，在目前情况下，可以不考虑以稳定企业生产和资源配置结构为主要效果的10年期设置。

比1年期更短的排污权期限设置在当前环境管理信息化程度不高，排污权尚处在试点阶段和管理水平不高的情况下，有可能会遭到企业的反感，没有借助排污权进行环境调控经验的环保部门也未必能在半年内做出有效调控措施。所以，虽然半年期排污权可以有更突出的调控灵活性和及时性，但操作可能性比较差，建议不设置。

在剩余的1年期、3年期、5年期三种期限中，3年期可以兼顾环境调控和企业自主性的需要，但在排污权试点和初步推广阶段，为了便于认识，简化操作，可以暂不设置。

因此，1年期和5年期综合搭配，是适应我国当前环境质量情况、排污权试点阶段情况、产业结构调整和企业转型情况多种现实需要的排污权期限结构设置模式。

## 三、以河北为例的排污权多期限综合合理配置建议

以河北省为例，参照国家要求，《河北省生态环境保护“十二五”规划》规定，“十二五”期间，“全省化学需氧量、氨氮、二氧化硫、氮氧化物排放总量分别减少10.4%、13.8%、14.3%、15.5%”。以此目标数据为依据预测，河北省的以上几种主要污染物排污权量需要在“十二五”期间缩减调控掉以上比例，为了操作便利并保证任务完成，可以进一位保留整数，从而直接得到理论上河北省这几种主要排污指标两种期限综合配置结构理想型（见表6-1）。

**表6-1 理论上河北省主要排污权两种期限综合配置结构** （%）

| 项目 | 化学需氧量排污权 | 氨氮排污权 | 二氧化硫排污权 | 氮氧化物排污权 |
|---|---|---|---|---|
| 1年期排污权数量比重 | 11 | 14 | 15 | 16 |
| 5年期排污权数量比重 | 89 | 86 | 85 | 84 |

在初始配置排污权时，环保部门按照当前实际情况估测核定区域排污权总量，并按照表6-1比例分别设定1年期排污权量和5年期排污权量，对行业、企业进行配置时也按照总量和期限结构进行。1年后，该部分1年期排放权到期作废，环保部门按照区域排放水平和环境质量情况缩减下一年度1年期排污权，逐次进行，直到“十二五”最后一年时，不再设置1年期排污权或者1年期排污权数量为零，达到环境规划的减排目标。同时，企业在5年期间有较大比例数量的长期排污权，可以据此稳定生产，并能够大致预测自己每年可能减少的排污权指标量，便于企业做出采用减排技术和投资减排设备的计划。

但是，单纯依据环境规划做出期限配置的合理性还不充分，因为环境调控的原因不只是减排规划，还有前文所述的多种原因。比如，政策的新变化，2013年9月10日，国务院下发《大气污染防治行动计划》，要求京津冀地区到2017年细颗粒物浓度（$PM_{2.5}$）下降25%，这种环境质量结果性指标的25%与工业企业减排指标之间的对应关系很难测算，而且也难以在不同大气污染物之间进行配比；某种意义上，可以将这个新政策理解为比环境规划的减排指标更严格了，排污权调减压力更大了。同时，还会发生由于初始排污权设定时的误差、区域环境质量诉求压力增加、突发环境事件等情况需要进行排污权数量调整。另外，排污权试点中只囊括正常办理了环保手续且纳入排污权试点的大型企业，没有环保手续、脱离环保监测、故意偷排等现象也会加重为了达到环境质量目标和减排目标而进行的排污权调控力度。

综合考虑以上情况，笔者经过初步测算，建议河北省主要大气污染物排污权期限综合配置为3：7结构，即1年期二氧化硫排污权和氮氧化物排污权都占30%，5年期二氧化硫排污权和氮氧化物排污权都占70%。此后1年期排污权分3年逐步削减，到第五年削减为零，每一年的排污权数量比重都以第一年初始排污权测定的数量值为基数。排污权价格按照“元/(年·t)”为基本单位进行标价，同种类不同期限排污权单价相同，见表6-2。

**表6-2　河北省主要大气污染物排污权期限综合配置方案建议**　（%）

| 项目 | 1年期排污权数量比重 | | | | | 5年期排污权数量比重 |
|---|---|---|---|---|---|---|
| | 第一年 | 第二年 | 第三年 | 第四年 | 第五年 | |
| 二氧化硫排污权 | 30 | 约20 | 约10 | 约5 | 0 | 70 |
| 氮氧化物排污权 | 30 | 约20 | 约10 | 约5 | 0 | 70 |

这种期限结构设置，在初始排污权配置时，企业减排压力不大，便于排

污权的工作开展，利于企业延续上期的生产能力和生产水平，但同时告知了企业今后4年减排工作。第二和第三年减排压力大，第四和第五年减排压力相对较小，因为经过前面两年的大力减排，企业减排的能力达到一定水平，压缩空间受到了限制。

需要注意的是，这种期限安排是为调控提供了一个空间，使得环保部门每年都可以根据情况设定调控量，尤其是1年期排污权数量的年度调控安排，不可以教条机械照搬；否则，也就没有了调控的灵活性和及时性。另外，表6-2的期限配置只是一个总量性配置示意，不同行业、不同企业的期限配置比例可以不同。比如，对于当前国家要求压产比重大的钢铁、玻璃、水泥等行业，1年期排污权的比例数额应该增加，对于规模小、减排技术落后、单产排放量大的企业，1年期排污权的比例数额也应该增加；相反，对于符合环保需要，政策鼓励发展的行业和企业，1年期排污权的比例数额应该减少，这也是利用排污权期限配置进行环境调控的组成部分。

排污权是环境资源化管理的基本载体，其核心不在于把环境资源变成萝卜白菜，而是在环境与政府之间形成一种调控关系，使企业运用排污权安排生产像风筝一样飘洒自如，使政府对企业排污的控制像牵风筝的线一样有力但不局限风筝的活动。

期限对于排污权，就好比画龙点睛。排污权的大量相关工作都做了，而且做得非常到位，由于没有眼睛，排污权还是活不起来。但是，点睛不好，把排污权的期限设成了无期限或某种单一期限，就可能使龙成为瞎龙、病龙、睡龙。只有多期限综合合理配置，才能使排污权拥有基本的环境调控功能，发挥出减排和保证环境质量的作用，并兼有活跃市场，促进企业合理自主安排生产和配置资源结构的作用，在环保领域把市场之手与政府之手牵起来，使排污权被社会各界所认可，最终活起来。

# 第七章 河北省排污权有偿使用及其出让标准研算

河北省地处平原，从环境统计数据来看，无论是大气污染还是水污染都比较严重，但是临近京津的地理位置又决定了河北省必须提高环境质量，加大环境治理的力度和速度。如果企业向周围环境排放污染物的权利无偿获得，实际上会鼓励企业的排污行为。排污权制度实现“污染者付费”，利用成本倒逼和利益诱导机制去督促企业节能减排。在实践工作中，排污权使用费称之为有偿使用出让标准，河北省排污权有偿使用出让标准的制定经历了较长时间的摸索。

## 第一节 排污权有偿使用及河北省工作的开展

### 一、排污权有偿使用的内涵争论

“排污权有偿使用与交易”是本轮省级排污权制度试点的正式名称，但不同学者和各试点省市对“有偿使用”的理解存在差异。有偿使用是否与一级初始配置同义？是否必须是交易的前提？交易后购入方的使用是不是这里的有偿使用？

有的学者认为有偿使用本质上就是付费排污，无论通过初始分配付费给政府，还是通过二次交易付费给卖方企业，都可以实现有偿使用。有的学者认为，排污权是一种资产，而且是一种公共资产，由政府来掌控，为防止公共资产流失，企业应付费获取，只有付过费的排污权才能进行二次交易，否则其结余排污权应当退还给政府，这样才合理。有的学者认为，排污权制度的主要宗旨在于市场交易，在于交易对排污许可的市场化调剂，使得在既定的排污许可总量限定下，也就是环境质量保障下，经济生产可以保持市场灵活性，不至于被行政性的排污许可限定死，从而维持环境和经济的协调发展。排污许可界定是交易的前提，但界定后是否收费并不在排污权制度本身的框架内。

2012 年 10 月，王志轩在《中国能源报》发表《排污权有偿使用是个伪命题》一文，表达了比较有特色的观点。王志轩分析认为，环境容量由法规要求、环境特性和排放特性三大要素决定，它具有多面性、可再生性、无形性等资源特点，它的价值体现在：环境容量之内接纳污染物应是无偿的，而超出环境容量接纳污染物则应当有偿。确定环境容量的关键是寻求人体健康、环保法规、经济社会之间的平衡问题以及如何把环境容量合理应用到经济活动中的问题，而不是寻求环境容量资源到底值多少钱以及把环境容量资源"卖"出去的问题。这种观点认为，依法排污是企业的天然权利，但这种权利只能被分配，不能被出售。不论采用何种手段，控制污染的目的都是让排污量控制在环境容量之内，成为满足生产和经营活动的合法需要，因此环境容量作为资源价值也间接体现到产品成本之中。人们如果需要享受更好的环境，法定质量的限值就要更严，此时环境容量就会更小，控制企业排污的法规就越严，产品的边际成本由于增加了新的环境成本也就越高。只要排污者从事法规允许的生产和经营活动，按法规要求排放污染物，则企业使用环境容量就天经地义，企业向环境排污是生产者的天然权利，不存在再购买环境容量的逻辑。这种观点认为，收费标准的确定是以达到排放标准的前提下测算出治理污染物的社会平均治理成本，而不是以零排放的前提条件来测算的。从零排放到达标排放之间的部分，应当是环境可以接受的部分，也应是无偿排放部分。所以零起点排污收费的做法也是十分荒唐的。排污权交易的目的应当是为了以更经济方法达到治理污染的目的，而不是为了收取所谓的资源有偿使用费，在污染物总量控制的条件下，政府的作用是如何促进这些合法的排污权按市场规则去合理交易、流动，而不是限制交易。

也就是说，排污不一定形成污染，污染是超环境容量排污的后果，污染才需要治理，才需要付费；尚未达到形成污染边界的排污，环境可以自净，对人畜无害，不需要治理，也自然不需要付费。企业零排放起点排污的付费规则，是为付费而付费，缺乏合理性和必要性。排污权可以分为两类，第一类，测算出来的环境容量内的部分，应当形成免费排污权，免费配置给企业使用；第二类，企业实际历史排放和预计排放综合后超过环境容量核定量的部分，为了尊重历史和维持经济，可以适量收费配置给企业使用，并用该部分收费金额用于治理排放造成的污染。该部分收费的金额标准不应当以企业减排成本为依据，而应当以在环境中消除该排放带来污染的治理成本为基础。

## 二、排污权有偿使用的官方解读与要求

2014 年 8 月 6 日，国务院办公厅发布《关于进一步推进排污权有偿使用

和交易试点工作的指导意见》（国办发［2014］38号）（以下简称《指导意见》），成为第一个国家级系统性界定和规范排污权工作的规范性文件。

### （一）排污权的地位和工作部署

#### 1. 排污权的地位和基本工作要求

《指导意见》认为，建立排污权有偿使用和交易制度，是我国环境资源领域一项重大的、基础性的机制创新和制度改革，是生态文明制度建设的重要内容，将对更好地发挥污染物总量控制制度发挥作用，在全社会树立环境资源有价的理念，促进经济社会持续健康发展产生积极影响。对排污权定了性，界定了地位，打消了排污权工作者对该项工作前途的顾虑。

《指导意见》要求试点地区要充分发挥市场在资源配置中的决定性作用，积极探索建立环境成本合理负担机制和污染减排激励约束机制，促进排污单位树立环境意识，主动减少污染物排放，加快推进产业结构调整，切实改善环境质量。

#### 2. 排污权省级试点的时间节点部署

《指导意见》对排污权省级试点工作提出了两个关键性时间节点要求：

（1）到2017年，试点地区排污权有偿使用和交易制度基本建立，试点工作基本完成。

（2）试点地区应于2015年底前全面完成现有排污单位排污权的初次核定，以后原则上每5年核定一次。

#### 3. 排污权数量核定标准

《指导意见》对省级试点工作中的排污权数量核定提出了具体要求，分两类情况提出了不同的核定依据和标准，分情况使用：

（1）现有排污单位的排污权，应根据有关法律法规标准、污染物总量控制要求、产业布局和污染物排放现状等核定。

（2）新建、改建、扩建项目的排污权，应根据其环境影响评价结果核定。

#### 4. 排污权基准价格确定标准

《指导意见》对省级试点工作中的排污权基准价格确定提出了具体要求，分两类情况提出了不同的确定依据和标准，分情况使用：

（1）现有排污单位取得排污权，原则上采取定额出让方式，出让标准由试点地区价格、财政、环境保护部门根据当地污染治理成本、环境资源稀缺程度、经济发展水平等因素确定。

（2）新建项目排污权和改建、扩建项目新增排污权，原则上通过公开拍卖方式取得，拍卖底价可参照定额出让标准。

### （二）排污权有偿使用的制度框架和内涵界定

《指导意见》第二部分标题是建立排污权有偿使用制度，使用了“制度”的概念，在该制度下规定了五项具体内容，分别是：严格落实污染物总量控制制度、合理核定排污权、实行排污权有偿取得、规范排污权出让方式、加强排污权出让收入管理。可以理解为官方认为排污权有偿使用是一项相对独立的制度，它的主体框架由以上五部分组成。

排污权有偿使用制度部分明确规定：实行排污权有偿取得。试点地区实行排污权有偿使用制度，排污单位在缴纳使用费后获得排污权，或通过交易获得排污权。排污单位在规定期限内对排污权拥有使用、转让和抵押等权利。对现有排污单位，要考虑其承受能力、当地环境质量改善要求，逐步实行排污权有偿取得。新建项目排污权和改建、扩建项目新增排污权，原则上要以有偿方式取得。有偿取得排污权的单位，不免除其依法缴纳排污费等相关税费的义务。

《指导意见》明确了排污权有偿使用的基本内涵：

（1）排污权有偿使用意味着排污权有偿取得，非有偿取得的排污权不属于排污权有偿使用的讨论范围。

（2）排污单位可以通过缴纳使用费或市场交易两种方式实现排污权有偿使用。

（3）排污单位有偿使用排污权是有期限的，而不是永久的，是一种使用权而不是所有权，具体权利包括排放使用、转让和抵押等。

（4）排污权有偿取得可以逐步实现，但应在 2017 年试点工作结束前完成。

（5）有偿取得排污权与其他环保税费政策相互兼容，可以叠加使用。

### （三）排污权有偿使用制度安排的具体紧迫工作

《指导意见》有时间节点，有具体解释和工作标准。该《指导意见》的下发，对试点省市排污权有偿使用部署了以下三项具体的、紧迫的工作。

（1）合理核定排污权。对每个试点省市而言，排污权的初次核定动辄涉及几万个的排污单位，每个单位的不同污染排放物核定原理、方法、数据各不相同；其涉及数据是海量的，而且多数试点省市前期的总量控制数据是不清晰的，核定方法规则也尚未建立起来。该项工作要求 2015 年底前完成，从

《指导意见》下发到基层到完成总共时间大约1年半，工作之紧迫，工作之具体可想而知。

与此同时，《指导意见》对现有单位和新、改、扩项目给出了不同核定方法，现有单位的排污权，应根据有关法律法规标准、污染物总量控制要求、产业布局和污染物排放现状等核定，新建、改建、扩建项目的排污权，应根据其环境影响评价结果核定，试点省市需要制定两套核定规则，对不同项目按照不同标准、方法、程序进行核定。

（2）规范排污权出让方式。《指导意见》要求现有排污单位采取定额出让方式取得排污权，出让标准由试点地区价格、财政、环境保护部门根据当地污染治理成本、环境资源稀缺程度、经济发展水平等因素确定。对出让标准制定时的依据和标准作了具体规定，该规定与此前的一些意见，比如试点工作批复，明显细化了，如财政部、环保部《关于同意河北省开展主要污染物排污权有偿使用和交易试点的复函》仅要求“充分反映环境资源稀缺程度和经济价值”。所以，现有排污单位采取定额出让方式取得排污权的出让标准需要抓紧研究制定，该项工作制约着排污权有偿使用工作的推进，没有出让标准，排污单位有偿获得排污权就没办法进行。《指导意见》要求，新建项目排污权和改建、扩建项目通过公开拍卖方式取得排污权时，拍卖底价参照定额出让标准，没有定额出让标准，新、改、扩项目拍卖获取排污权也将受到影响。

（3）实行排污权有偿取得。试点地区在以上两项具体工作的基础上，于2017年实现全部现有单位和新、改、扩项目有偿获得排污权，建立起排污权有偿使用制度。

## 三、河北省排污权有偿使用的工作安排

根据国务院《关于进一步推进排污权有偿使用和交易试点工作的指导意见》的工作部署，尤其是面对排污权有偿使用制度的具体工作安排，河北省当即开始了相关工作。

### （一）开展排污权有偿使用调研和研究工作

排污权的有偿使用是排污权市场体系建设的基础与核心，涉及排污权总量的界定与数量指标配置、配置方式、出让标准等问题。河北省充分重视这项工作，对排污权有偿使用的基本原理、社会影响、环境质量影响、与其他环境制度协调、企业负担等情况安排了研究讨论，对兄弟省市的经验进行调

查分析，对河北省的工作进行前期准备。经过研究，提出了河北省排污权有偿使用的基本原则。

（1）坚持市场主导与政府引导相结合。充分发挥市场在资源配置中的决定性作用，突出企业主体，加强政府引导，营造环境，创造条件，推动排污权有偿使用和交易进一步发展。

（2）坚持整体推进与重点突出相结合。做好统筹规划，加快全省排污权有偿使用和交易工作整体推进和全面深化。继续完善新建、改建、扩建项目排污权交易制度，率先在钢铁、水泥、电力、玻璃等重点行业实行排污权有偿使用。

（3）坚持制度引领与创新发展相结合。研究制定和完善排污权有偿使用和交易的法规、规章和政策，建立健全排污权核定、储备、交易等相关配套制度措施，构建完整的工作体系。创新工作思路和方式方法，加大科技对排污权工作的支持力度，促进排污权有偿使用和交易健康快速发展。

（4）坚持统一监管与分级负责相结合。省环境保护厅对全省排污权有偿使用和交易实施统一监督管理，制定主要污染物年度总量控制目标和许可排放量使用计划，搭建全省排污权交易管理平台。设区市和定州、辛集市按照污染源管理权限，落实污染物总量控制制度、排污权有偿使用和交易制度。

### （二）研究起草河北省排污权工作相关文件

2017 年排污权制度的建立，首先是制度规范的建立，其次是工作按照制度的有序开展。所以，河北省在国务院《关于进一步推进排污权有偿使用和交易试点工作的指导意见》的基础上，安排了河北省排污权制度的相关文件研究起草工作，包括排污权的管理办法、有偿使用办法、核定分配办法、出让标准、信贷办法、回购办法、收储办法等，最后在上报、审核等环节进行了适当修改、调整，在该阶段公开发布的排污权工作主要文件包括：

（1）河北省政府办公厅《关于进一步推进排污权有偿使用和交易试点工作的实施意见》，冀政办发［2015］10 号文。

（2）河北省政府办公厅《河北省排污权有偿使用和交易管理暂行办法》，冀政办字［2015］133 号文。

（3）河北省环境保护厅《河北省排污权核定和分配技术方案》，冀环办［2015］268 号文。

（4）河北省发改委、河北省财政厅、河北省环保厅《关于制定我省排污权有偿使用出让标准的通知》，冀发改价格［2016］1597 号文。

（5）中国人民银行石家庄中心支行、河北省环保厅《河北省排污权抵押贷款管理办法》，石银发［2014］133号文。

（三）排污权有偿使用的时间安排和收缴规则

通过制度建设，河北省明确了排污权有偿使用试点工作的时间安排，并设立了排污权有偿使用费的具体收缴规则。

1. 河北省排污权有偿使用试点工作的时间安排

2014年底前，完成省级、设区市及定州、辛集市排污权交易平台建设，把国家作为约束性指标进行总量控制的污染物全面纳入排污权有偿使用和交易范围，全省所有新建、改建、扩建项目的排污权必须通过排污权交易获得。

2015年7月1日前，完成钢铁、水泥、电力、玻璃四个重点行业排污单位排污权的初次核定，并收取排污权使用费。

2015年底前，全面完成现有排污单位排污权的初次核定。

2017年基本建立起完整的河北省排污权有偿使用和交易制度体系。

2. 河北省排污权有偿使用费的收缴规则

排污权使用费由环境保护部门按照污染源管理权限收取，省环境保护行政主管部门负责省发排污许可证企业排污权使用费的收取。设区市和省直管县以及县级环境保护行政主管部门负责本级核发排污许可证企业排污权使用费的收取。

缴纳排污权使用费金额较大、一次性缴纳确有困难的排污单位，可向环境保护部门提出分期缴纳申请，经批准后，可分三期缴纳，缴纳期限不得超过五年。首次缴款不得低于应缴总额的40%；第二次缴款不得超过三年，不得低于应缴总额的40%；第三次缴款不得超过四年。

## 第二节　河北省排污权有偿使用出让标准的制定原则

### 一、以促进和谐发展为首要原则

排污权的配售如果改变过去的免费发放而辅以适当的价格，虽然从长远来看会对经济建设和生态环境有益，但短期来看这项新事物对企业来说（尤其是目前面临产业升级、更新改扩及新开企业），无疑是一项巨大的资金支出，甚至对个别企业来说，由于盈利能力较低，对企业社会责任的认识不全面，将排污权有偿配售看做一项新税收，对排污权有偿配售会出现较多负面看法和做法。因此，在河北省排污权初次配售的定价合理性方面，我们应在收集其他试点和相似省市的做法的前提下，了解河北省企业的实际情况和具体问题，通过制定合理的价格，保证排污权工作能得到企业的支持，在和谐稳定的环境中顺利进行。

## 二、注重统筹兼顾、服务经济的原则

纵观河北省工业类企业布局，主要体现为邯郸、唐山两地的钢铁业；邢台、唐山、邯郸、沧州、张家口的煤炭化工业；高阳、宁晋的纺织印染业；保定满城地区的造纸业；石家庄、沧州等地的热电业；唐山的陶瓷业。由于各地的产业特征不同，使得各地的环境资源利用程度和污染物排放种类呈现不同的特征，加之各类型企业分布的集中化程度越来越高，以及不同规模企业对所在地区环境容量的影响不尽相同。因此，在排污权初次配售的定价方面，应从河北省经济社会发展总体出发，统筹把握经济增长速度和节能减排力度，在制定和实施发展战略、专项规划以及经济政策中，把能耗增量和主要污染物排放总量作为谋划发展、区域布局的重要依据。通过制定合理的价格，使有限的能源资源和环境容量创造更大的经济效益和社会效益。

## 三、从实际出发，以科学合理性为原则

排污权有偿使用有免费分配、招标竞拍和标价出售等多种方式。一般认为，有偿使用才能充分发挥排污权交易作为市场经济手段的最大效用，有助于环境行政管理的规范化，有效刺激企业改进技术、合理用能、减少污染，从而促进社会平均污染治理成本的降低，为政府获取改善和治理环境的基础费用。但这一价格的合理性也在很大程度上决定了排污权交易市场的活跃程度，定价过高，会大大增加企业的生产成本，影响企业的生产计划，从而无法对低污染、无污染企业产生激励作用；定价过低，则失去了价格信号的意义，会妨碍排污权交易市场的有效运行。

而且，各地区排污企业和环境容量不尽相同，在制定有偿使用价格时更需要从实际出发，制定适合所在地区市场接受的价格，既满足环境保护的需要，也不会对企业产生过分的压力，从长远谋求排污权有偿使用制度的推行和发展。

## 四、将限价与限量相结合

环境是稀缺的，排污权的数量是有限的，而且远远小于现有企业的排放需求量。但是，由于环境资源的强社会性和公共性，不能允许排污权的价格

按照实际供求来决定；否则，排污权价格将剧烈攀升，导致一些行业和产业退出生产，一些产品将无人供应，甚至公众的生活排泄也会面临尴尬。也就是说，排污权初级市场必然是一种管制市场，不能脱离政府最高限价。

最高限价政策必然导致供不应求，形成排队抢购和买通贿赂进行交易的行为。限量配给是对付这类问题的惯用措施，排污权初级市场也必须依赖政府的这种行政限制来达到供求的稳定。

## 五、以政府指导定价为原则

作为一种交易商品，排污权的交易价格本应由市场供求决定，但在初级市场上，排污权商品的最终供应者是政府，交易排污权商品初次配置的价格影响着政府管理区域的经济发展与环境保护之间的协调关系，也需要考虑不同排污者之间的、排污者与普通公众之间的公平问题等。因此，初级市场上的排污权价格不是一个纯市场问题，而是带有明显的社会性和政治性的问题。政府必须对排污权初次配置价格有一个明确的指导意见，一般表现为一定数额以内的指导性基准价格。

## 六、与治污成本挂钩原则

排污权初始价格的确定是排污权定价机制的一个难点，它不仅要考虑当前各种技术条件下的污染治理成本，还要考虑企业的经济承受能力。基准价格定价过高，会导致企业无法承受，环境容量资源利用不足，影响经济发展；定价过低，会导致环境容量资源利用过度，环境质量恶化，通过排污权有偿使用和交易引导产业结构调整和地区合理分布的目的也不能实现。因此，充分考虑我国国情和河北省省情，排污权的初始价格应适当高于全社会平均治理成本，一方面可以充分体现环境容量的资源价值；另一方面可以促使企业通过减排来降低购买排污权的支出，激发企业的减排动力。

## 七、与地区环境质量挂钩原则

排污权是对环境容量资源的占有使用权，而环境容量是指某一地区的环境容量，因此排污权也就具有很强的地域性。在产业结构偏重或工业经济发达地区，其环境容量必然很小，排污权资源紧张；在工业经济落后或产业结构偏轻地区，其环境容量必然较大，排污权资源富余。由于排污权在不同地区的紧缺程度不同，根据商品经济的属性，其价格也必然有所区别。在排污权紧张的地区，企业要获得排污权必然要支付较大的价格，反之亦然。因此，为正确反映排污权在不同地区的资源稀缺程度，我们引入了地区排污权价格系数的概念，该系数与地区环境质量密切相关。以《地表水环境质量标准》为例，假设某地区的地表水执行Ⅲ类标准，则根据其地区环境质量现状将地区排污权价格系数分为四个层次，其环境质量越差，对应的排污权价格系数越高。

## 八、与产业政策和环境统计挂钩原则

行业差别是影响排污权价格的一个重要因素。如火电、水泥、钢铁、玻璃等行业 $SO_2$ 排放量大，严重影响大气环境质量；化工、造纸、酿造等行业COD 排放量大，严重影响水环境质量。为此，我们引入了行业排污权价格系数的概念，目的就是要通过价格这个杠杆来优化调整地区产业结构，促使有限的环境容量资源在配置上由“两高一资”行业向“两低一高”行业转移。行业排污权价格系数由产业政策系数和环境统计排放系数构成。产业政策系数根据《产业结构调整指导目录》确定，环境统计排放系数根据地区行业污染物排放量占地区该类污染物工业总排放量的比例确定。

## 九、与分类管理挂钩原则

排污权的有偿使用方式是排污权有偿使用和交易的重要内容。有偿使用方式主要涉及两类企业：现有企业和新建企业。按照“削减现有排放量、控制新增排放量”的总量控制思路，对现有企业，按照承认现状的原则，以企业现有环境统计排放量为基础，适当考虑产能变化因素来分配排污权，企业按照所在地区、所在行业的排污权价格来购买，实行有偿使用。对新建企业，则按照充分反映市场供求关系的原则来分配初始排污权，地方政府将能用于交易的排污权通过拍卖市场进行拍卖，底价应为该地区的排污价格（即基准价格×地区排污权价格系数）。竞拍时底价的设置仅考虑了地区因素，暂不考虑行业因素，目的是确保竞拍企业的数量和价格公平。但是行业因素并不是不考虑，而是在竞拍结束后再考虑。新建企业购买排污权的最终价格=竞拍价格×行业排污权价格系数。

此外，排污权有偿使用出让标准也应注意：刺激性原则，排污权有偿使用要刺激排污企业改善环境行为，减少污染排放量，因此应当保证排污权有偿使用价格高于企业治污减排的平均社会成本。区别对待原则，针对不同地区和行业技术水平、污染处理成本、经济环境可承受力等方面存在的差异，分行业制定排污权有偿使用价格，对不同区域使用一定的地区差异系数进行调整。经济合理原则，要兼顾企业的生产发展和经济技术的可承受能力，既要确保给企业污染减排的压力，又要体现排污权使用的有偿化。

## 第三节　排污权有偿使用出让标准测算原理与方法选择

### 一、排污权有偿使用出让标准测算基本原理

排污权交易制度由美国经济学家戴尔斯于1968年在《污染、财富与价格》一书中，首次系统地阐述了这一概念。通过美国针对二氧化硫排放交易的实践表明，排污权交易制度具有显著的环境效益和经济效益，充分体现了排污权交易能够保证环境质量和降低达标费用的两大优势，进而欧盟、日本等国相继进行了排污权交易的实践和运用。

在国际上，初始排污权主要采用无偿分配和市场拍卖相结合的方法，二级排污权市场交易价格由市场确定。所以，排污权有偿使用出让标准测算的专门研究不多，交易价格研究相对多一些。

#### （一）排污权公共物品的定价基础和目标

排污权是一种公共物品。公共物品是指这样一类物品，在增加一个人对它消费时，并不导致成本的增长（它们的消费是非竞争性的），而排除他人对它的分享却要花费巨大的成本（它们是非排他性的）。公共物品的种类很多，诸如国防、外交、环境保护、基础研究、义务教育等纯公共物品以及城市自来水、管道煤气、电力、电信、邮政、铁路、收费公路等公共设施。按照传统经济学原理，公共物品由于其消费上的非排他性和非竞争性，以及“免费搭车”和交易成本高、具有自然垄断性等因素的存在，决定了公共物品不可能完全通过市场机制，由追求利润最大化的民营部门有效提供，只能交由不以营利为目的的政府来提供。然而，从各国的实践看，正是由于政府不以营利为目的，因而导致了公共物品经营的效率低，供应数量少、服务质量差、资源浪费大、官僚主义严重等许多弊端。因此，第二次世界大战以后世界各国都纷纷推出了公共物品民营化的政策，且已成为一种世界性的趋势，旨在通过市场机制调节公共物品的提供，提高公共物品供给的效率。但是，在我国，公共物品的大部分仍由政府提供，公共物品供给效率低的现象十分严重。因此借鉴国外经验，在改革公共物品供给体制的同时，利用市场机制和价格手段来提高公共物品的供给效率就显得十分重要。笔者认为，在目前的公共物品供给体制下，利用价格手段来保证公共物品供给，既能提高政府配置资源的效率，又能体现社会公平，是当前亟待解决的一个重要问题。

公共物品定价的政策目标是效率与公平的统一。在市场经济中，经济的运行是由价格这只“看不见的手”所调节的，市场价格联系着供给与需求、生产与消费，决定着收入分配。在一个理想的竞争市场中，一般私人产品的价格是由供求双方决定的，产品的价格等于该产品的边际成本，这时利润达到最大化，社会资源配置达到帕累托最优状态。然而，政府提供公共物品的直接动因是为了弥补市场失灵和市场缺陷，其目的并不是为了盈利，而是为整个社会再生产提供理想的“共同生产条件”，它们或者是为了整个国家的安定，或者是为了提供良好的生产和生活环境，或者是为了提高全民文化和身体素质，或者是为经济运行提供基础条件，等等。这就决定了公共物品的定价不能完全依靠市场机制来确定。对那些具有垄断性的公共物品，如果完全依赖市场定价，就必然会导致资源配置效率损失。政府若根据产品的边际成本和边际效用规定价格，将垄断利润平均到每个消费者身上，同时引进竞争机制，有助于改善资源配置的效率；对有些公共物品，针对不同的消费群体实行不同的价格，在一定程度上实行公平目标。当政府希望能够在更大程度上支配社会资源时，公共物品的定价往往成为政府获得收入的一种手段。可见，公共物品的定价具有很强的政策性，它既是政府管理调控经济，提高资源配置效率的有力工具，也是政府改进效率与公平的重要方式。

### （二）排污权公共物品的定价类型和原则

#### 1. 排污权公共物品的定价类型选择

公共物品定价与竞争性商品定价不同，需要采用公共定价法。根据公共物品的种类不同，公共定价法包括纯公共定价和管制定价两种方法。

（1）纯公共定价。纯公共定价，即政府直接制定自然垄断行业（如能源、通信、交通等公用事业和煤、石油等基本品行业）的价格。

（2）管制定价。管制定价是指政府规定竞争性管制行业如金融、教育、保健等行业的价格。

公共定价法主要适用于成本易于衡量、效益难以计算，但可以部分或全部进入市场交易的项目。无论是纯公共定价还是管制定价，都涉及定价水平和定价体系。

综上分析，认为排污权应当适用管制定价方法。

#### 2. 排污权公共物品的定价原则选择

公共物品的提供目的不同，供应种类繁多，运营和管理等方面的要求差异较大，因此对不同的公共物品应实行不同的定价原则。

（1）零价格原则。零价格原则适用于那些由政府免费提供的典型的公共物品，如国防、外交、司法、公安、行政管理等，提供这些公共物品是政府义不容辞的责任，除了按国家税法的规定征税以保证其全额费用外，政府提供这些公共物品时不应再额外收费，只能实行零价格，免费使用。

（2）损益平衡原则。按照市场经济原则，任何行为主体对某项产品的提供都要求保本，而且在可能的条件下有适当的盈利。然而，对政府提供的公共物品来讲，追求利润目标是不恰当的。因为定价高出成本，等同于对受益人征税。当然，定价过低，一方面政府必须实施较大的财政补贴，加重财政负担；另一方面必然影响公共物品提供的数量和质量。因此，补偿成本是公共物品定价的主要依据之一。补偿成本意味着公共物品应按损益平衡的原则定价，即按平均成本定价。因为平均成本能够保证商品提供者恰好收回全部成本，既不亏损也不盈利，公共物品按平均成本定价对国民经济整体效益的提高具有十分重要的意义。

（3）受益原则。按照受益原则，只有当某项公共物品给消费者带来可以用货币度量的具体受益而且收费的标准不超过受益量时，对此项产品的定价才是合理的。偏离受益原则的公共物品定价相当于对消费者的额外征税。对市内公共汽车、地铁、自来水、民用煤气、民用电等公共物品按受益原则定价是比较合理的，按受益原则定价时需要考虑受益者的付费意愿，因为付费意愿反映了受益者对公共物品受益情况的主观评价。当某种产品出现过度消费或消费不足时，表明该项产品的定价水平低于或高于付费意愿，此时应对该项产品的定价作出调整。

（4）供需均衡原则。对某些不可储存的物品和劳务，如电力、电话和运输服务等，按供需均衡原则定价有利于保持合理的消费结构。因为这些物品和劳务在其供给的时间内，需求可能有旺时和淡时的现象，对于这些产品采取高峰负荷定价法，即在高峰负荷时采用高价，低谷负荷时采用低价，有利于缓解其供求紧张的矛盾。此外，对各种收费公路采用供需均衡原则定价，有助于缓解公路拥堵，提高车辆通行率和安全度。

（5）合理补贴原则。对一些公共物品，政府无偿提供压力太大，完全由消费者负担成本又缺乏社会认同，可以采取消费者适度付费、政府适度补贴的原则，有利于提升消费者对该公共产品的重视，也可以适度缓解政府压力。

作为公共物品，我国长期以来对环保采取零价格原则，免费使用环境容量，造成了环境容量自由取用，不值得珍惜的错误认识，导致了目前比较严重的环境污染问题。在全世界环境容量资源化的大背景下，污染者付费已经成为国际通行原则，零价格原则已经被历史淘汰，受益原则容易导致营利的社会不良反响，同时在环保产品上也难以衡量，不适合作为排污权的出让定价原则。综合考虑多种情况，排污权有偿使用出让标准适合采用管制定价、合理补贴原则。

## 二、排污权有偿使用出让标准测算研究情况

S. Marc 等人运用最近发展起来的 GARCH 模型来分析排污权交易的价格。他们认为除了预报预期不足的风险措施，排放权价格（有条件和无条件）的分配在交易市场上构建最优套期保值和风险管理战略是必不可少的，如设计新的衍生产品。

René 等人采用风险中性简化式模型来研究未来的排污权价格，这个模型能反映价格在时间和空间上的变化的波动性，能匹配历史数据或隐含的未来波动。他们的方法可以被视为用一个简化形式模型，以风险中性的动态观点描述与排放有关的资产的演变，逐步从一个时期市场模式转到更现实的两期市场的情形，覆盖了目前欧盟排放法规。

George 等通过研究三个主要的排污权交易市场（Powernext，Nord Poo，European Climate Exchange（ECX）），表明在欧洲排污权交易不同阶段中禁止排污许可，银行对未来的价格有非常重要的影响，并使用跳跃扩散模型来估计污染物排放量的现货价格随机行为。排放配额现货价格是跳跃的和非平稳的，更好地近似于波动增强的几何布朗运动。

Carolyn 采用机会成本法研究了环境政策和公众参与对排污权价格的影响，研究与开发的外部性还有对创新的社会反馈问题。良好的环境政策减少了排污权交易成本，从而使排污权价格降低。公众参与使市场上的排污权减少，排污价格升高。但是，论文中没有考虑成本减少的潜力、研究与开发的成本、成功的可能性，这些因素也会影响排污权的价格。

Chaoning Liao 认为在经济模型中，当所有决策变量是连续可微，模型涉及目标和约束功能，与供求平衡约束相关的影子价格确定均衡价格。在决策变量不连续可微的经济模型中，当有关参与企业的成本结构和减排目标的某些条件得到满足时，排污权交易的平均影子价格才被认为是均衡价格。

1991 年，中国社会科学院研究人员的报告中，第一次将“可出售排污权”概念引入国内。目前，中国在排污权交易方面的应用处于刚刚起步的阶段，针对排污权交易出让标准测算方面的研究较少。

钱从军等针对供给双方在交易过程中如何确定最优报价的实际问题，运用贝叶斯博弈，并求解贝叶斯纳什均衡，建立了排污权交易模型，给出了排

污许可证供需双方的均衡报价策略。其前提是排污许可证的私人评估价值均为供给方和需求方的私人信息，但在实际交易中情况会复杂得多。

李赤林等研究了排污权交易问题，构造了排污权的定价模型。根据排污权出让方的收益达到最大，得到排污权的价格，还需考虑排污权购买方的治污成本。

李利军等对排污权有偿使用出让标准进行了专门研究，认为排污权的供应者是政府，排污权初次出让价格影响着政府管理区域的经济发展与环境保护之间的协调关系，也需要考虑不同排污者之间、排污者与普通公众之间的公平问题等，初级市场上的排污权价格不是一个纯市场问题，而是带有明显的社会性和政治性的问题。所以，政府必须对排污权初次配置价格有一个明确的指导意见，一般表现为一定数额以内的指导性基准价格。在确定排污权初次配置价格时一般应考虑经济因素、体制因素和非经济因素三个方面。经济因素包括企业排污外部成本、环境管理成本、社会平均减排成本等。

目前，国内外的排污权交易定价研究已经比较成熟，众多的学者从多个方面、运用多种方法研究了排污权定价，并且有一些已经初步应用在实践中，对排污权交易制度的发展起到非常明显的促进作用。

## 三、排污权定价方法比选

排污权的基本思想是由政府部门确定一定区域的环境质量目标，并据此评估环境容量，然后推算出污染物的最大允许排放量，并将其分割成若干规定的排放量，即若干排污权，政府采用某种方式把排污权分配到企业，允许企业到排污权市场上对其进行交易。政府对排污权的初始分配，排污权市场交易都涉及定价的问题。如果排污权的内在价值模糊不清，交易者就不能准确地为交易价格定位、甚至是盲目地出价；如果市场交易价格长期偏离其内在价值且偏离量过大时，必将影响排污权交易机制作用的有效发挥。为了既体现出排污权这种环境资源的稀缺性，又遵守市场经济的平等公平原则，还能促使排污企业提高排污技术，减少污染物的排放，有必要对排污权进行定价。国内外学者研究了很多的定价方法，主要包括如下几种方法。

### （一）成本价格法

成本价格法也称恢复和防护费用法，是指通过将受损坏环境恢复到原有状态所需成本费用来衡量原资源环境所具价值的方法。在无法直接确定排污权所具价格时，可用恢复环境容量所需的费用作为排污权所具的最低价值。在资源总量控制的前提下，某污染企业多排放一单位污染物，就会产生相应的一单位污染物的净化成本。因此，可以根据当地污染物的平均治理成本来确定排污权的价格。每一单位环境容量资源的价格根据当地的污染处理设施的固定资产折旧、能耗、物耗、维修、管理费用、人工费用等进行测算后，得出污染物的平均治理成本，即每一单位污染物的排污权价格。同时考虑到地区、行业等的差异，排污权指标初始价格需要根据不同地区社会经济发展状况进行相应的调整。

区域环境污染强度越大，相应的排污权指标价格越高；经济状况和社会状况越好，相应的排污权指标价格也应该越高，因此利用它可以检验当前的环境政策的有效性。在某些仍然使用污染收费制度的地区，可以利用成本价格为制定新的污染收费标准提供依据；对已推广排污权交易制度的地区，可以利用成本价格为参与排污许可证交易的企业提供决策参考。

### （二）市场法

市场法是指随着市场机制的深入，交易的活跃化，在供需平衡和价值原理的作用下，初始成交价格不断上涨，根据价格围绕价值上下波动的原理，市场最终趋于平衡。由于环境容量资源没有现行的市场价格，所以无法借用其他资源（如矿产资源、水资源等）的定价方法。对于不具备直接市场表现形式的资源环境的非市场价格评估，依据市场信息的完备与否，大致有三类不同方法：直接市场法、替代市场法和假想市场法。

（1）直接市场法。度量被评价的环境质量到环境标准之间的变动，然后直接运用市场价格对这一变动的条件或结果进行测算。

（2）替代市场法。在现实生活中，有些商品和劳务的价格只是部分地、间接地反映了人们对环境质量脱离环境标准的评价，用这类商品与劳务的价格来衡量环境价值的方法，称为间接市场法，即替代市场法。

（3）假想市场法。在环境状况的变化甚至通过间接地观察市场行为都不能估价时，只能靠建立假想市场的方法来解决，也即意愿价值评估法。

### （三）期权定价方法

实物期权（Real Options）是以期权概念定义的现实选择权，指投资者进行长期资本投资决策时拥有的、能根据决策时尚不确定的因素改变行为的权利，是与金融期权相对的概念，属于广义的期权范畴。1977 年，Myers 首次提出了实物期权（Real Options）的思想，他指出，投资项目的价值不仅来自单个投资项目所直接带来的现金流量，还来自成长的机会。实物期权理论对具有不确定环境下的项目投资决策提供了一种切实可行的评价工具。

（四）影子价格法

排污权影子价格是指某一污染治理地区（或企业）在实行排污权交易过程中，排污权作为一种稀缺资源，在其最优利用条件下对排污权资源的估价。这种估价不是排污权的市场交易价格，而是根据排污权这种特定资源在生产中做出的贡献而作的估价，其表达的基本意思是其他条件不变时，每增加一单位的排污权所带来的收益的增加额。

（五）其他方法

目前，排污权定价的方法还包括地租理论、倒推法、边际收益法、边际机会成本法、一般均衡模型等。采用的数学方法大致可以分为数学规划和博弈论两大类。对研究排污权合理定价方面做出了很多指导性的贡献。

## 四、河北省排污权有偿使用出让标准测算方法

随着国家和我省对于 $SO_2$、$NO_x$、COD、$NH_3$-N 四种主要污染物的减排政策日益严格，我省环境保护工作形势依然严峻。为逐步完善环境价格体系，优化环境资源配置，创新环境经济政策，建立污染物总量减排辅助激励机制，促进企业保护环境、减少排放，对排污权进行定价工作的紧迫性凸显，找到合理的排污权定价方法是至关重要的任务。

排污权定价属于特殊产品的定价。一般来说，物品定价的方法有两种，(1) 基于马克思主义价值理论学说，价格围绕价值波动，价值是蕴涵在商品中的无差别的人类劳动，由活劳动和物化劳动共同组成。在实践操作中，活劳动和物化劳动表现为企业财务记录上的成本，最终表现为我国长期执行的成本利润加成定价法。以这种方法为基础，可以演化出数十种具体的定价方法。(2) 以西方经济学供求均衡理论为基础，借助市场供求的均衡点测算价格。供大于求，价格下降；供小于求，价格上升，供求各自相对稳定，其均衡点的价格就是相对稳定的市场价格。以此为基础，企业配以一定的经营战略，也可以演化出数种具体的定价方法。

大气污染物排放权出让标准价格实质上属于公共物品定价范畴。企业使用排污权消耗和占用环境容量，大气环境容量是典型意义上的公共物品，由政府管理和控制。目前，我省大气排污权免费配置，企业在允许的时间范围和数量范围内可以使用排放权利，但期限届满和非规定数量范围内的排放权

企业无权使用和处分，对该部分排污权的处理，包括市场交易，由政府来统一调配进行。基于这种政府对公共物品的定价特性，不适于采用企业市场竞争性特征明显的市场定价法，而应采用以成本为基础的定价方法。

我国是社会主义市场经济社会，排污权的出让标准价格作用到企业经营活动中，引导企业生产排放活动；从另一角度来看，企业生产排放活动实质上就是环境容量的节省也就是数量增加活动，或者说是环境容量的生产活动。企业的减排成本在一定意义上代表了环境容量的生产成本。但是，作为公共物品，排污权价格确定不能单纯考虑成本问题，还应该适当考虑其他一些影响因素，也就是说，以减排成本为决定因素，以其他相关因素为影响因素，共同作用，综合协调，以测算出能代表公众环境质量要求、政府环境保护目标、企业市场经营需要，符合基本定价规律，有利于引导排污权交易制度健康发展的出让标准价格。

河北省排污权有偿使用出让标准测算采用多因素综合建模测算法，以污染物治理成本为主要因素，综合考虑环境资源稀缺程度、地区经济发展水平、企业负担能力、社会公众反响、相关省份出让标准水平、地区政府公共产品出让原则等六种因素，进行建模测算。

## 第四节　河北省排污权有偿使用出让标准的测算

### 一、有偿使用出让标准测算的方法和调研

根据《关于进一步推进排污权有偿使用和交易试点工作的指导意见》（国办发〔2014〕38号）第二部分第六条的要求："出让标准……根据当地污染治理成本、环境资源稀缺程度、经济发展水平等因素确定"。从理论上来讲，企业排放污染物是对环境容量的占用和消耗，排污权是环境容量的细分和直观表现，排污权的价格应当与其生产成本（环境容量生产成本）密切相关。企业污染物治理减排可以看作是一种"节流"型环境容量生产，通过少消耗增加社会的可用环境容量数量，因而企业污染物治理成本在某种意义上可以作为排污权的生产成本，在排污权有偿使用出让标准测算中占据基础性地位，该成本在上一部分已经进行了测算。

除污染治理成本以外，还必须注意到排污权的典型公共物品属性，应当按照公共物品定价原理而不是一般的私人物品定价原理来测算出让标准。排污权所代表的环境容量资源是包括人类在内的全体生物的生存必需品，人类生产需要它，生活也需要它，而且对它的使用具有明显的非排他性，这是公

共物品的突出特征。公共物品应当由政府这一社会公共代理人来进行管理，确保其质量和供应。在需求量小于供应量的情况下，这种管理任务不明显，但随着生产对环境容量需求的快速增加，出现了供不应求的情况，政府对环境容量这种公共资源的管理任务就凸现出来了。在排污权公共物品出让标准制定中，政府必须照顾到该公共物品的所有需求方的诉求，在多种关系中谋求公平和平衡，所以选取地区环境资源稀缺程度、经济发展水平、企业负担能力、社会公众反响、地区政府公共产品出让原则、相关省份出让标准水平等多因素作为影响因素，研究分析其对排污权的影响，并分析其相互作用关系，合理测定其权重和数量关系，综合分析测算排污权有偿使用出让标准。

参照2012年排污权交易基准价测算的大调查形式，于2016年3月份安排了覆盖面更广的调查、调研活动，主要包括全省主要行业企业污染物治理成本调查、全省主要行业企业环境负担情况调查、环境资源稀缺程度调查、兄弟省份排污权有偿使用出让标准调查、省内公众对排污权有偿使用收费反响调查等多项调查，调查数据范围为2013年、2014年、2015年连续三年。这次调查由河北省发改委、河北省财政厅和河北省环境保护厅共同组织，历时五个月，完成了出让标准测算的数据准备工作。调查主要指标见表7-1。

**表7-1　河北省排污权有偿使用出让标准测算的主要指标情况**

| 调查的主要污染物类型 | 调查的主要行业 | 调查主要治理成本指标 | 调查主要环境负担指标 |
| --- | --- | --- | --- |
| （1）$SO_2$；<br>（2）$NO_x$；<br>（3）COD；<br>（4）$NH_3$-N | （1）电力行业；<br>（2）焦化行业；<br>（3）水泥行业；<br>（4）钢铁行业；<br>（5）玻璃行业；<br>（6）化工行业；<br>（7）造纸行业；<br>（8）医药行业；<br>（9）污水处理行业；<br>（10）食品行业；<br>（11）纺织行业；<br>（12）其他行业 | （1）治理设施设备相关固定费用；（2）治理设施建设成本；（3）治理设备购置安装费用；（4）治理设施设备技改费用；（5）治理设施设备使用折旧年限；（6）治理设备年度维修维护费用；（7）第$i$年治理设备维修维护费用；（8）治理设备年度吸附剂、催化剂、药品、原料等消耗费用；（9）第$i$年治理设备吸附剂、催化剂、药品、原料等材料消耗费用；（10）治理设备运转年度电力；（11）水等能源资源消耗费用；（12）第$i$年治理设备电力；（13）水等能源资源消耗费用；（14）治理设备年度产品销售收入或处理费用；（15）第$i$年治理设备年度产品销售收入或处理费用；（16）治理设备年度治理污染物平均数量；（17）第$i$年治理设备排放口排气（水）浓度；（18）第$i$年治理设备进口排气（水）浓度；（19）第$i$年治理设备排放口排气（水）量；（20）第$i$年治理设备进口进气（水）量 | （1）企业总收入负担率；<br>（2）企业总支出负担率；<br>（3）企业利润负担率；<br>（4）企业总成本环境负担率；<br>（5）企业负担中环境负担率；<br>（6）企业利润中环境负担率 |

## 二、河北省主要污染物治理成本测算模型和测算过程

### （一）河北省 $SO_2$、$NO_x$、COD 和 $NH_3$-N 治理成本建模及测算

河北省主要工业企业 $SO_2$、$NO_x$、COD、$NH_3$-N 减排工作一般通过治理设施运转及其材料、催化剂、药品投放实现，综合来看，其治理成本主要由五部分组成，包括治理设施建设成本和设施设备购置安装成本、治理设施技改费用、治理设施维修维护费用、治理设施运转消耗的材料能源等费用。其中治理设施建设成本和设施设备购置安装成本、治理设施技改费用形成固定资产，可以多年使用，借助折旧原理分摊到年度，形成年度固定费用。治理设施维修维护费用、治理设施运转消耗的材料和能源费用按年度统计，调查三年数据取平均值作为年度变动费用。调查企业近三年污染物治理设施进出口数量和浓度，测算企业年度污染物治理数量，求出平均值，最后用年度固定费用加上年度变动费用除以年度污染物治理数量，得出企业年度平均单位污染物治理成本。

近几年，河北省污染物治理工作力度比较大，企业治理设施新上和更新情况较多，环保补贴和环保罚款也具有年度偶然性，所以具体某一年的数据不一定具有典型性和代表性。在调查和测算中，取 2013 年、2014 年和 2015 年三年的数据，通过平均值来增强其一般性和代表性。通过数学建模，测算出河北省 13 个地市（含定州、辛集）、12 个行业综合的四种污染物治理成本。

### （二）环境资源稀缺程度影响因素

对民众而言，地区环境资源稀缺程度可以直观地从环境污染感受程度来认识；对企业而言，可以用企业感受到的环保压力来体现。河北省多数城市受太行山和燕山阻挡，通风条件差，地表径流小，水污染物不易于稀释转移，但河北省产业结构偏重，钢铁、玻璃、发电、水泥、制药、化工、印染、造纸等高耗能高排放产业占比较大，单位 GDP 能耗高，污染情况严重。与此同时，河北省环抱京津，环境敏感性突出，环保压力大。就环境资源稀缺程度而言，因一年四季风力和降水条件不同而有不同，缺乏科学有效广泛认同的省域环境资源稀缺程度测算理论和模型，现有数据也无法支撑全省环境资源供应量和实际需求量的对比测算。综合多种情况，政府、企业和民众所认识的环保压力问题都与单位 GDP 能耗密切相关，国家和各地环保工作都把降低单位 GDP 能耗作为一项基础性工作，它与三次产业结

构、企业转型升级、企业排放管理水平、环境质量改善等多方面紧密关联，所以把该指标与其他地区的比较关系作为河北省环境资源稀缺程度的相对参考值，见表7-2。

**表7-2 河北省2015年单位GDP能耗水平与全国平均值和发达省份比较**

（标准煤吨/万元）

| 项目 | 河北省 $G_0$ | 全国平均值 $G_1$ | 浙苏粤三省平均值 $G_2$ |
|---|---|---|---|
| 单位GDP能耗 | 0.961 | 0.869 | 0.496 |

经过近几年强化节能减排、转型升级和压减产能等工作，河北省单位GDP能耗高得到了有效控制，2015年达到了0.961的可喜水平，但距离全国平均值还有差距，距离东部沿海发达省份差距更大一些，表明河北省排污权比全国平均值稀缺程度要高，市场供求紧张。把河北省单位GDP能耗赶超全国水平作为环境压力的常态指标值，用 $Y_{11}$ 表示，把河北省单位GDP能耗赶超发达省份水平作为环境压力的高压指标值，用 $Y_{12}$ 表示。压力越大，说明环境资源稀缺程度越高，排污权价格应该越高。在此基础上构建模型，分析环境资源稀缺程度对排污权价格的影响关系。

### （三）经济发展水平影响因素

经济发展水平是一个横向比较指标，指本地区经济发展在全国经济发展中所处的地位，考量的是发展权与清洁环境权之间的平衡关系。经济发展水平不足，可以适度降低排污权的出让标准，刺激和鼓励经济发展。受国际国内经济大形势的影响，河北省目前的经济发展压力比较明显，相比其他省份，河北省还面临着比较突出的工业生产压减产能、转型升级的压力，进一步恶化了经济形势。地区经济压力对企业、政府和民众都有明显影响，作为公共物品，排污权在经济形势不乐观的时候变免费供应为收费出让，会对经济发展带来负面影响。排污权有偿使用主要针对高排放工业企业实施，我们经过比选斟酌，选取第二产业增加值增长率来表示经济景气情况，从表7-3可以看出，河北省第二产业增加值增长率明显低于全国平均水平。我们把河北省第二产业增加值增长率与全国水平的比例作为经济压力的常态指标值，用 $Y_{21}$ 表示，把河北省第二产业增加值增长率与发达省份水平的比例作为环境压力的高压指标值，用 $Y_{22}$ 表示。在此基础上构建模型，分析经济发展水平对排污权价格的影响关系。

**表 7-3　河北省 2015 年第二产业增加值增长率与全国平均值和发达省份比较**

（%）

| 项目 | 河北省 $E_0$ | 全国平均 $E_1$ | 浙苏粤三省平均 $E_2$ |
|---|---|---|---|
| 第二产业增加值增长率 | 4.7 | 6.0 | 6.86 |

### （四）企业负担能力影响因素

根据工信部 2012 年和 2015 年两次全国企业负担水平调查的报告，全国不同地区企业负担差异较大，但基本呈现东部低、西部高、中部地区居中的态势。在调查分类体系中，河北省属于东部企业负担水平较低的地区，见表 7-4。就全国推进排污权有偿使用工作和全国企业负担水平情况而言，河北省企业负担水平不构成对排污权有偿使用工作推进的明显障碍，但可以考虑企业负担水平，统筹安排排污权有偿使用出让标准以避免明显加重企业负担。

**表 7-4　2015 年河北省以外其他地区省份企业负担水平情况**

| 项目 | 东部地区省份 | 中部地区省份 | 西部地区省份 |
|---|---|---|---|
| 企业负担指数 | 0.79 | 0.92 | 1.36 |

调查发现，河北省企业环保负担主要来自减排标准的压力和排放量指标的压力，环保经济负担水平并不构成企业环保压力的主要因素，更不构成企业综合负担的主要因素，设企业负担能力指标为 $Y_3$。在具体行业和企业环保压力方面，近几年大气污染情况严重，国家和地区民众关注度极高，在这种背景下，提标压力明显，近零排放标准导致排污设施大量更新投入，减排成本明显上升，并存在进一步减排的压力，所以把近三年排放标准变化率作为大气污染物主要排放企业的环保负担水平指标。设 $SO_2$ 排放企业环保负担增速调整指标为 $Y_{3s}$，$NO_x$ 排放企业环保负担增速调整指标为 $Y_{3n}$。水污染物方面，多数企业水污染处理设施不区别 COD 和 $NH_3$-N，统一进行处理，但理论来讲，$NH_3$-N 单位处理成本远高于 COD，而企业污水 COD 污染物总量远高于 $NH_3$-N，从而使企业污水设施投资必须以 $NH_3$-N 处理量为界限，造成企业污水处理负担以 $NH_3$-N 为标准，调查中企业普遍反映，COD 处理负担可以承受，而 $NH_3$-N 负担较重。设 COD 排放企业环保负担增速调整指标为 $Y_{3c}$，$NH_3$-N 排放企业环保负担增速调整指标为 $Y_{3h}$。在此基础上构建模型，分析企

业环保负担水平对排污权价格的影响关系。

（五）社会公众反响影响因素

在当前环境和经济双重压力下，河北省社会公众对排污权有偿使用也呈现多种不同态度，项目组采用小型研讨会和街头访问的形式，共征求262人意见，包括教师、工人、大学生、行政事业单位职工、退休人员、街头商贩等，先介绍排污权制度对环保的促进作用，再介绍排污权有偿使用对企业生产成本有所增加，可能导致成本转嫁型物价上涨，然后请受访者发表看法。就统计结果来看，支持者占45%，反对者占30%，认为无所谓的占25%，显示对排污权的了解不明确，对政策关注度不高，观点和反映比较分散，但总体支持者比例稍大（见表7-5）。由此判断，如果推行排污权有偿使用，社会正面支持较多，只要不引起明显物价上涨，负面反响应当不明显。

该影响因素分析结论：宜采用较低水平的出让标准，避免经济压力较大情况下出现物价上升，导致社会不良反应，该因素用 $Y_4$ 表示。

**表7-5　河北省城市生活人员对排污权有偿使用的态度与反应**　（%）

| 项目 | 支持一切环保措施包括排污权 | 支持排污权这种市场性措施 | 不支持普遍性导致物价上涨的措施 | 不支持排污权 | 无所谓 |
|---|---|---|---|---|---|
| 社会公众态度人数比重 | 30 | 15 | 22 | 8 | 25 |

考虑以上四个方面影响因素，治理成本会出现比较明显的变化，其中间计算结果见表7-6。在此基础上分析社会公众反响对排污权价格的影响关系。

**表7-6　治理成本考虑环境稀缺、经济水平、企业负担和公共反响后的测算值**

（元）

| 污染物类型 | 二氧化硫 | 氮氧化物 | 化学需氧量 | 氨氮 |
|---|---|---|---|---|
| 阶段性测算值（四舍五入取整数） | 2686 | 1978 | 1497 | 4532 |

（六）相关省份出让标准水平影响因素

排污权有偿使用是一次重大创新性改革，国际上没有定额出让定价的经验，国内已经出台定额出让价格标准的有四个试点省市，这四个省市的定价水平对我省具有一定参考价值。

目前已经颁布排污权有偿使用出让标准的试点省份有四个，分别是湖南省、重庆市、内蒙古自治区和浙江省。从数据情况看，湖南省出让标准最低，浙江最高，但浙江省针对企业提供有折扣优惠，考虑中等优惠50%情况下，与内蒙古自治区标准较为接近，重庆市就成为了目前我国试点省份的最高出让标准，见表7-7。

**表7-7　目前已颁布排污权有偿使用收费出让标准的试点省市价格**

（元/（t·a））

| 主要污染物 | 排污权有偿使用收费标准 | | | | |
|---|---|---|---|---|---|
| | 湖南省 | 内蒙古自治区 | 重庆市 | 浙江省（发电） | 备注 |
| $SO_2$ | 200 | 500 | 900 | 1000（500） | 浙江针对30万千伏以上发电机组征收，并按缴费年度早晚给予30%、50%、70%、100%优惠不同待遇。考虑采用中等优惠调整价格，标注于括号内 |
| $NO_x$ | 200 | 500 | 1200 | 1000（500） | |
| COD | 230 | 1000 | 1300 | 4000（2000） | |
| $NH_3$-N | 260 | 3000 | 2400 | 4000（2000） | |

参考其他省市经验，应以经济发展水平和环境资源情况等因素作为重要前提。为便于科学参考其他省市经验，设定其他省市排污权有偿使用出让标准影响参数$\Delta P_R$，$\Delta P_{Rs}$代表其他省市$SO_2$排污权有偿使用出让标准影响参数，$\Delta P_{RN}$代表其他省市$NO_x$排污权有偿使用出让标准影响参数，$\Delta P_{RC}$代表其他省市COD排污权有偿使用出让标准影响参数，$\Delta P_{RH}$代表其他省市$NH_3$-N排污权有偿使用出让标准影响参数。

考虑其他省市影响因素，治理成本会出现一定变化，其中间计算结果见表7-8。在此基础上构建模型，分析相关省份出让标准水平对河北省排污权价格的影响关系。

**表7-8　其他省市影响的数量值及考虑其影响后的测算值**　（元）

| 污染物类型 | 二氧化硫 | 氮氧化物 | 化学需氧量 | 氨氮 |
|---|---|---|---|---|
| 其他省市出让水平影响测算值 | -532 | -332 | -20 | -615 |

### （七）地区政府公共产品出让原则影响因素

排污权是一种公共物品。公共物品是指这样一类物品，在增加一个人对它消费时，并不导致成本的增长（它们的消费是非竞争性的），而排除他人对它的分享却要花费巨大的成本（它们是非排他性的）。按照传统经济学原理，公共物品由于其消费上的非排他性和非竞争性，以及“免费搭车”和交易成本高、具有自然垄断性等因素的存在，决定了公共物品不可能完全通过市场机制，由追求利润最大化的民营部门有效提供，只能由不以盈利为目的的政府来提供。为了避免公共物品经营效率低、供应数量少、服务质量差、资源浪费大、官僚主义严重等弊端，第二次世界大战以后世界各国都纷纷推出了公共物品由政府控制，但借助市场机制调节提供的做法。我国排污权公共物品的有偿使用，就是这种借助市场机制提高政府配置环境资源效率的重要尝试。

公共物品定价的政策目标是效率与公平的统一而不是营利，所以公共物品的转让价格不能完全依靠市场机制来确定。对那些具有垄断性的公共物品，如果完全依赖市场定价，就必然会导致资源配置效率损失。一般而言，政府供应公共物品有无偿提供、分担提供、成本价提供、适当营利提供和调节供求提供五种模式。环境资源长期以来是免费使用的，目前国际上也以免费使用为主，国内除试点省市以外，仍采取免费提供的模式。在当前经济发展压力较大的背景下，排污权公共物品的出让定价宜采用公共管制型企业适度负担定价。设定高、中、低三档企业负担标准，分别用 $Y_{61}$、$Y_{62}$、$Y_{63}$ 表示，政府综合权衡多种因素相机抉择，得到公共管制型企业适度负担定价补贴比例情况。在此基础上构建模型，分析地区政府公共产品出让原则对排污权价格的影响关系。

## 三、河北省排污权有偿使用出让标准测算建模

综合以上各种因素的自影响模型，进行各影响因素之间关系的分析评估，可以得到以治理成本为基础，考虑环境资源稀缺程度、经济发展水平、企业负担能力、社会公众反响、地区政府公共产品出让原则、相关省市出让标准水平等多因素为参考的排污权有偿使用出让标准综合因素测定方法模型，测算出以公共物品近零定价原则和公共物品均衡定价原则基础上的高低共 4 套排污权出让标准，提交进行专家研究讨论修正和发改、财政、环保等部门审核讨论，完善后提交。

2016 年 12 月 22 日，河北省发改委、河北省财政厅、河北省环保厅三部门联合颁发《关于制定我省排污权有偿使用出让标准的通知》（冀发改价格［2016］1597 号），最终确定了河北省的排污权有偿使用出让标准，自发布之日执行。具体出让标准见表 7-9。

**表 7–9　河北省的排污权有偿使用出让标准**

（元/（t · a））

| 大气污染物 | | 水污染物 | |
|---|---|---|---|
| 二氧化硫 | 氮氧化物 | 化学需氧量 | 氨氮 |
| 450 | 350 | 300 | 800 |

# 第八章　河北省排污权有偿使用的核量问题

我国排污权交易试点省市在推行排污权有偿使用和交易时一般都是直接从新改扩项目新增的排污权交易入手，搁置了老排污单位排污权有偿使用问题。这样，不利于新老排污单位的公平竞争，限制了排污权交易市场的流动性，成为推进排污权交易的主要障碍。而解决老排污单位排污权的有偿使用问题，首先要完成对排污单位排污权分配数量的核定。合理、公正和有效的有偿使用制度设计，有利于实现环境资源的合理配置，有利于发挥排污权交易在解决环境与发展问题中的独特作用。

## 第一节　排污权账户与排污权数量核定原则

从国外和其他试点省市的经验看，排污权有偿使用制度的开展，首先需要设置账户，详细记录排污权有偿使用和交易数据，提高环境部门对企业排污量监控的力度，实现总量调控的目标。

### 一、账户登记

设置账户是排污权市场规范发展的必要条件，相当于加入排污权制度体系，取得参与排污权有偿使用和二次交易的资格。证券交易市场要求每一个进入股市进行证券交易的投资者必须先行开设证券账户，排污权交易也是如此。美国排污权交易体系中，EPA 为每个参与排污权交易计划的企业都建立账户，账户的主要内容包括全部排污许可证的发布情况、每个账户持有的许可证数量、各种许可证中存储的许可证数量（如特别存储许可证和可再生资源存储许可证）、许可证扣除量、账户之间的许可证交易情况等，事实上是一个管理信息系统。河北省排污权有偿使用制度实施的第一步也应当为每一个参与有偿使用的企业设置账户。

账户设置可以是自愿的，也可以是环境部门统一安排的。在有偿使用制度实施初期，可由河北省排污权交易和管理中心统一安排账户，环境部门决定在哪个区域、哪个行业、对符合何种条件的企业推行排污权有偿使用制度，就会通知相应企业报送材料，设立相应账户。在试点阶段，可对省内的秦、唐、沧地区的具有一定规模的火电、水泥、造纸、印染行业的主要污染物分别设置账户。在排污权有偿使用和交易经过一定时期的发展，逐步走向成熟的时候，并不强制要求加入该体系的企业以及环保主义者（组织）可以主动申请加入排污权制度体系，要求开设排污权账户。

### （一）账户的资格审查

从国内试点情况看，很多地区对于参与排污权有偿使用的企业都有一定的资格要求。在排污权有偿使用和交易一直走在前面的浙江嘉兴就规定在行政区内已经依法注册登记的企业，或者已经获得环境影响评价文件批准的建设项目才能纳入排污权制度管理的范围。湖南也出台文件界定了不能购买排污权的企业的条件：被列入环保区域限批范围的；未完成污染限期治理任务的；国家明令禁止、限制和淘汰的；优先保障国家产业政策鼓励的和省优先培育产业。因此，对于申请排污权有偿使用账户的企业应设置一定的资格要求。

（1）必须是行政区内已经依法注册登记的企业或已经获得环境影响评价文件批准的建设项目。

（2）污染物稳定达标排放，按要求安装主要污染物排放在线自动监测设备，与环境保护行政主管部门的监控设备联网。

（3）企业资信良好，无违反环境保护法律、法规或规章的行为。

（4）不属于国家明令禁止、淘汰和限制类的企业。

（5）法律、法规规定的其他条件。

企业申请账户时，需提交一系列的证明材料。

（1）《河北省排污权有偿使用账户申请表》。

（2）工商行政主管部门核发的工商营业执照及复印件。

（3）质监部门核发的组织机构代码证及复印件。

（4）企业法定代表人或代理人身份证及复印件（代理人必须持有单位授权证明）。

（5）企业章程。

（6）会计师事务所等有关机构出具的资信证明。

（7）法律、法规规定的其他需要出具的证明或资料。

### （二）账户的主要内容

设置排污权账户时，排污权交易和管理中心对每一个账户申请者设置一个唯一的号码，用于身份确定和识别，一个排污源只能申请一个唯一的账户。在账户内应记载排污源的基本情况，比如名称、所在地、行业、排污类型、排污设备数量与功率、联系方式，尤其是企业排污权（账户）管理部门的联系方式及电子数据传输地址等，并对排污权初次配售数量及时间、历次流通数量及时间等排污权的“进”“出”情况做出清晰记录。每个排污权账户应坚持按时汇总结算，以供环境部门对企业排污权使用情况进行监测。

此外，为保证排污权使用费按时缴纳，在有偿使用发展到一定阶段之后，排污权账户还应与企业账户建立关联，类似股票交易开户中的资金账户。

## 二、账户管理

排污权账户管理由河北省排污权交易和管理中心负责。账户管理的内容涉及：账户日常数据维护、信息共享和账户注销等。

### （一）账户的日常数据维护

在企业开立账户后，河北省排污权交易和管理中心还需要负责排污企业账户数据的日常维护。排污权初次配售数量信息是国家和地方环境行政机构进行污染源管理的重要数据源，环境部门应当对其进行记录、存储和传输，据此和企业实际排污量进行比对，随着其使用和出售情况在排污权账户上进行冲销或划拨。随着排污权的逐年配售与交易，企业账户上可能同时存在不同期限、不同类型、不同区域的排污权，还有排污权的跨期结转（存储）问题，对排污权数量信息管理的工作量会相当庞杂。因此，河北省排污权交易和管理中心应把排污权初次配售的数量、污染物类型、许可证的有效期、有偿使用费的缴纳金额和时间等数据及时录入数据库。对应缴纳主要污染物排污权有偿使用费而未按时缴纳的排污单位，环境保护行政主管部门可不予分配污染物排放总量控制指标，不予通过上市公司环保核查，不予通过环境影响评价审批，不予核发或换发排污许可证。

排污企业污染源变更、企业分立合并涉及账户变更的要及时向排污权交易和管理中心提出申请，提供相关证明材料，进行数据变更登记。同时，企业参与排污权交易的相关信息，比如：交易的数量、金额、日期、有效期等也要及时同步变更登记。

### （二）信息共享

排污权账户信息必须在环境部门及其排污监测中心、排污权初级市场和流通市场、排污权流通情况跟踪监测中心实施共享，以便确定每一个账户下的排污权使用、流转、节余情况，并与实际排放量进行比对。交易发生时，经纪人通过排污权交易所的交易计算机系统在排污权账户上进行入账和扣划，排污权流通情况跟踪监测中心进行联网监督核实，交易者进行联网查询监督。每个拥有排污权账户的企业的账户信息逐年汇总，并存入排污权信息数据库，留做档案材料备查。

### （三）账户注销

涉及企业破产事宜，需要原有账户进行注销，同样需向排污权交易和管理中心提出申请，提供相应的证明材料，由管理人员负责账户的注销。

## 三、河北省排污权有偿使用核量的基本原则

### （一）以总量控制为前提

排污权初次分配必须在全国和区域排放总量控制的前提下确定具体排放企业的指导性应得数量。如果缺少这样一个指导性数量标准，排污权的分配就会失去标准和原则，就有可能造成排污权配售与现实需要之间的严重脱离，失去社会公平，引发社会矛盾。在排污权可以二次转让情况下，还可能刺激“排污权托拉斯”“排污权辛迪加”“排污权卡特尔”乃至排污权的寡头垄断的出现，如果这些垄断组织或个人在初级市场上获取远远超过自己需求的足以操控市场的排污权，就足以牵住其他所有企业的“牛鼻子”，达到操控某地区或行业市场的可怕后果。这不但是有损公平、公正原则的问题，而且是损害整个市场经济体制的问题，可能最终葬送排污权交易制度体系本身。

从试点实践来看，试点省市都是在总量控制的基础上确定企业的排污许可的数量。

参考《浙江省主要污染物排放权指标核定和分配技术方法》，对排污单位排污权指标进行逐个核定和分配要根据区域排污总量控制要求，各地分配到排污单位的排污权指标之和不得突破该地区的区域总量控制。在实践中，浙江省嘉兴市秀洲区根据浙江省和嘉兴市下达的排污总量，综合考虑逐年实行的减排任务和新建项目容量余地，确定工业排污总量。进一步测算区内主要排污企业的日排放量和年排放量数据，然后根据太湖流域工业企业排污流量的规定标准、新建和扩建企业的法定环境审批程序以及不同企业实际，分配给各企业初始排污数量。实践中，环境部门会预留一部分指标进行市场调控。

湖南省人民政府印发的《湖南省关于主要污染物有偿使用和交易管理暂

行办法》同样规定：环境保护行政主管部门按照污染物排放总量控制要求，以各排污单位上年度实际的排放量为基准，结合其实际污染治理能力，分配和核定各排污单位的初始排污权数量。因此，建议：河北省排污权有偿使用应在总量控制的基础上来确定，根据国家和地区的排污总量控制企业的排污量，以达到控制环境污染的目的。具体来说，各地市要依据省总量控制的相关规定，确定本区域污染物排放总量控制指标。各地在分配本区域初始排污权指标时，可预留一部分，以应付突发环境事件或新、扩建等新增排污需求，也可以作为交易市场调控的手段，在交易供不应求、交易价格过高时进行干预，以促进本地环境质量的快速提高。各排污企业的核定量之和若超过本区域排污权可分配控制指标，各地环境保护行政主管部门可按区域排污权可分配控制指标进行等比例削减调整，最终确定各排污单位的初始排污权指标（见图 8-1）。

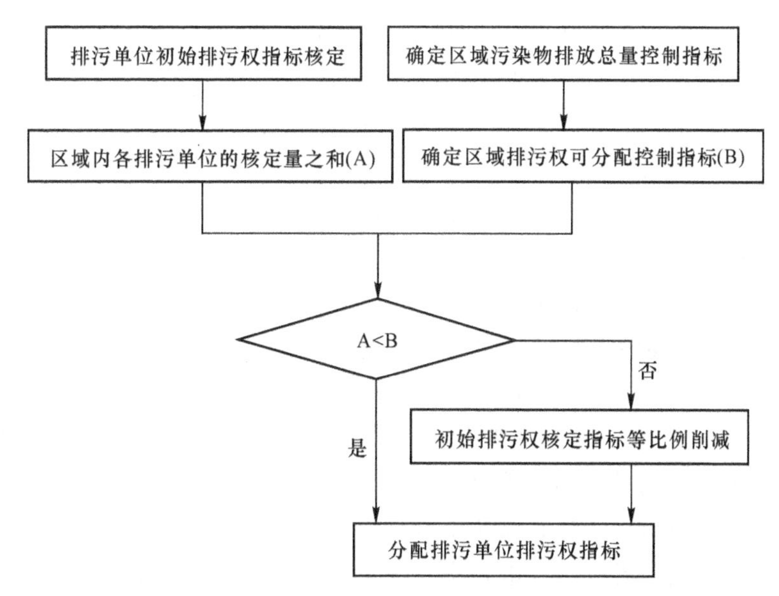


图 8-1　总量控制下的排污权指标分配技术路线图

（二）先缴费后使用的有偿使用原则

从发达国家的实践来看，公开拍卖和标价出售方式都符合有偿的要求，但都明显地存在购买者之间的缺乏公平性的问题。拍卖法是一种环境行政管理部门介入较少，市场化程度较高的方法，国内有不少学者主张采用这种方式进行排污权的初次配售工作，也可以在一定程度上避开排污企业之间的种种差异。但这种方式完全以经济实力决定排污权初次配售数量，有实力的污染大户可能因此得益，而经济境况欠佳的、与国家和社会大众联系密切的企业却可能无法得到足够的排污权，从而缺乏政府对污染控制方向和污染控制技术引导作用的体现。这种方法可能导致排污权在企业之间的配置情况严重脱离实际需要，甚至出现垄断现象，所以拍卖法不能用来确定排污权初次配售的数量。如果需要借助这种市场化的方法配置排污权，必须要先设定每个参拍企业可以申购的最大数量，在该数量以内各企业可以自由报价。

美国现行的 $SO_2$ 排污权初始拍卖配售法仅仅是针对预留的少部分配额（不超过10%）进行的，可以说是在环境部门采用行政性手段对各排污企业分配排污权指标的基础上进行的少量市场调剂。

由环境保护行政主管部门标价出售排污权，难以在众多的需求者之间排定购买顺序，会使本来供不应求的排污权的供应更加紧张。如果能根据实际情况给各个排污者设定一个购买限额，这种问题就可以解决了。这种购买限额与标价出售相结合，即可形成标价配售方式。我国已经普遍实行的排污申报与审核制度、总量控制制度等为排污权“购买限额”的确定打下了很好的基础，在排污申报的基础上，对配发的排污指标收取一定的费用即可形成操作性非常强的排污权标价配售。

从国内试点来看，为避免企业负担过重，多数省市采用的是由环境行政部门在审核企业排放量的基础上，核算企业减排成本确定不同污染源的有偿使用费，企业缴纳有偿使用费后方可申请排污许可证。

《湖南省主要污染物排污权有偿使用和交易工作规程（试行）》规定，由环保部门根据《初始排污权分配方案》，向排污单位下达《初始排污权有偿使用费缴纳通知书》，告知其缴费内容、金额及缴款截止日期等。排污单位按照《初始排污权有偿使用费缴纳通知书》的要求缴纳初始排污权有偿使用费。

浙江省在试行排污权有偿使用时，环保部根据国家主要污染物排放总量控制要求，确定各省（区、市）主要污染物总量控制目标和火电行业主要大气污染物排放总量控制目标，制定全国统一的火电行业主要大气污染物排放指标分配方法。省级环境保护行政主管部门根据国家下达的总量控制目标，将指标分配到污染源。浙江省环境保护行政主管部门会同财政等部门共同负责排污权有偿使用价格的制定。有偿使用的价格参考了当地污染治理平均成本、环境容量资源的稀缺性、环境资源供求关系、排放指标的时限以及当地经济发展水平等综合因素。

河北省在排污权有偿使用的制度设计上，宜采用标价配售形式。由环境部门在总量控制的基础上，结合“十二五”减排目标，通过核算污染治理成本确定有偿使用基准价，出售给企业。价格由环境部门会同物价部门、财政部门参考治理成本、环境容量资源稀缺性、期限等来制定。

排污权标价配售方式有利于实现排污企业之间的公平。但这种公平是相对的，受历史、效率、体制、人情等多方面的影响，在限额确定等环节也可能出现歧视性问题。另外，这种方式的行政操作性太强，市场机制参与严重不足，与排污权的市场化环境管理思路不相匹配。随着排污权制度及其市场的发展，可以考虑适当压缩排污企业的购买限额，预留一部分排污权以标价为底价在专业交易所公开拍卖。这样可以实现活跃流通市场，宣传排污权及其交易制度，借助市场价位对企业排污增加经济压力，引导企业加强排放治理、缩减排污量的效果；可以实现排污权初次配置中市场机制和行政机制的有机结合，使两者取长补短，效率和公平兼顾。当然，在交易所公开拍卖的排污权数量不宜太多，完全的公开拍卖方式更是不可取的，美国目前交给交易所拍卖的排污权仅占当年初次配置总量的2.8%左右。随着排污制度的逐步健全，这一比例可以逐步增长，但绝对不能超过50%。也就是说，至少应当保证企业当年排污权的一半是通过环境行政机构正常申购获得的。

## 第二节　河北省排污权有偿使用核量的理论和经验参考

从国内外的实践来看，由于主要污染物的特性不同，在初次配售数量的确定上采用的方法也有差异。

### 一、$SO_2$ 初次配售数量确定问题

在 $SO_2$ 排污权初次配售的数量确定活动中，一般会考虑采用根据排放源的历史排放数据确定排污权数量的方法和根据排放源的排放强度确定排污权数量的方法。

#### （一）历史排放量法原理和方法

根据排放源的历史数据来确定排污权有偿使用数量是目前各国比较常用的方法。美国的 $SO_2$ 排污交易体系使用的就是这种方法。历史数据的选择可以是有代表性的一年的数据，也可以是过去几年排放数据的平均值。一般对于排放情况变化不大的企业，可以采用多年的平均值作为排污权初次配售的数量设置依据；对于排放变化较大的企业，可以以最近一年的数据为主要依据，合理参照多年平均值，也可以主要根据排放水平现状，直线推理一定期

限内可能的排放量。这种方法考虑了企业的排放历史水平，尊重企业排放现实水平，易于为广大企业接受，具有较强的可操作性。当然，这种方法也容易使生产落后和治理水平差的企业得到便宜，对技术先进、治理进度快的企业不利，有鞭打快牛、鼓励落后的嫌疑。

根据历史排放量的排污权初始配额分配可以用下列公式表示：

约束条件：　$E_f = E_c(1-p) \geqslant \sum_{i=1}^{n} e_i$

分配计算：　$e_i = e_c(1-p_i) \times \varepsilon$

式中　$E_f$——主要污染物的排放目标，即$f$年的排放量；

$E_c$——现状排放量；

$p$——主要污染物的削减目标，即到$f$年主要污染物削减百分比；

$e_i$——每个企业分配的配额；

$e_c$——每个企业现状排放量；

$n$——参与交易的企业个数；

$p_i$——根据总的削减百分比$p$确定的针对每个企业的削减百分比，根据环境管理部门的要求，每个企业的削减目标与总的削减目标可能会有所不同；

$\varepsilon$——调节因子，根据环境部门的需要，在进行配额的分配时，综合考虑企业的生产技术水平和污染治理水平而确定的调节因子。

可见，历史排放量法进行排污权初始配额分配的关键是确定现状的排放量和削减水平，同时确保每个企业所分配到的配额之和不能够超过总量控制目标，这一方面是为新的污染源提供发展的空间，另一方面是留出一部分排污权配额由环境管理部门统一进行调节，增加了分配的灵活性。同时，调节因子的引入弥补了由于现有企业的技术水平和治理水平的差异所带来的不公平。

### （二）排放强度法原理和方法

针对$SO_2$大气污染物，按照排放强度进行排污权初始配额分配可以有两种计量方法，一是按照发热量进行分配，二是按照排放绩效标准（GPS）分配。

按照发热量分配排污权的方法基于这样一个原理：$SO_2$的排放主要来自能源消耗，单位能源的$SO_2$排放量体现了企业的单位能源生产排放$SO_2$的水平。这种方法在许多国家普遍应用，从科学的角度而言，是合理可行的，但这种方法不能体现最终的能源使用效率。

按照排放绩效标准（GPS）分配排污权的方法主要针对火电行业而言，以电厂发电量为测算基础。即设定一个基于大量试验监测得到的生产单位发电量需要排放的$SO_2$水平，根据火力电厂的发电量即可确定其所应获得的排污权配额数量。这种方法既可以公平的分配排污权，又有利于促进提高能源的整体效率，促进清洁能源和清洁生产的发展，促进环境质量的改善。目前我国已经开始将排放绩效标准引入到电力行业，如果这种方法得到大面积推广，要比采用其他方法前进一大步。

在这一方法中，控制目标有两个，一是污染物的排放总量控制目标，另一个是环境绩效控制目标，即GPS目标。GPS分配方法可以按照下式计算：

约束条件：
$$E_f = S_f \times G_c \geqslant \sum_{i=1}^{n} e_i$$

$$S_f < S_c = \frac{E_c = \sum_{i=1}^{n} e_{ci}}{G_c = \sum_{i=1}^{n} g_{ci}}$$

分配计算：
$$e_i = S_f \times g_c \times \varepsilon$$

式中　$S_f$——控制目标年末的GPS标准；

$G_c$——交易范围内电厂的现状发电量；

$S_c$——现状GPS；

$g_c$——污染源现状发电量；

$\varepsilon$——调节因子；

其他符号意义同上。

应用GPS方法确定排污权初始配额，首先要确定各参与排污权交易计划的电厂的平均GPS标准，然后根据控制目标年的$SO_2$削减量，综合考虑火电厂的发展情况、技术进步、能源结构改善等因素，确定控制目标年的GPS标准，然后根据新的GPS标准和企业现状的发电量来分配配额。

GPS方法对配额的分配兼顾了企业的生产和污染治理情况，相对来说较为公平。这一方法能够促进环境行为差的污染源改善其环境行为，有利于火电厂的技术进步和配套的相关政策相结合，会对能源结构的调整有所帮助。

### （三）其他省市的经验参考

从试点省市来看，《湖南省主要污染物初始排污权分配核定技术方案》规定二氧化硫的核定：火电企业以排污绩效值进行核定。其他企业以行业排放标准（无行业排放标准的选用综合排放标准）和满负荷生产条件下的最大废气排放量的计算值进行核定。而《浙江省主要污染物排放权指标核定和分配技术方法（试行）》规定：有相应行业排污绩效标准的（没有相应标准的，各地可结合当地实际制定），排污单位的二氧化硫初始排污权指标首先采取排污绩效法计算。计算结果高于环评批复允许排放量的，按环评批复允许排放量核定。无相应排污绩效标准的排污单位，其二氧化硫初始排污权指标主要以环评批复允许排污量为主，参考原排污许可证排污量、“三同时”竣工验收监测报告结合生产负荷确定的排污量和满负荷生产情况下的实际排污量进行核定。环评批复和经批复的环境影响评价报告没有确定允许排放量的，其二氧化硫初始排污权指标以满负荷生产情况下的实际排污量为主，参考原排污许可证排污量和“三同时”竣工验收监测报告结合生产负荷确定的排污量进行核定。

参照国家环保部（原环保总局）在《二氧化硫总量分配指导意见》（环发［2006］182号）确定的二氧化硫总量（以下简称“$SO_2$”）分配规则，结合河北省 $SO_2$ 减排目标和目前建设项目环评审批中确定污染物排放控制量的操作方法，某建设项目二氧化硫排放定额原则上等于建设项目在按环评中确定的生产规模、生产工艺、污染物治理措施下，组织生产时实际废气排放量乘以环评批复中确定的二氧化硫排放浓度。

具体来说，为了实现与其他省份排污权有偿使用和交易制度的对接，火电企业宜主要采用排放绩效法，计算结果高于环评批复允许排放量的，按环评批复允许排放量核定。无相应排污绩效标准的排污企业，其二氧化硫初始排污权指标主要以环评批复允许排污量为主，参考原排污许可证排污量、“三同时”竣工验收监测报告结合生产负荷确定的排污量和满负荷生产情况下的实际排污量进行核定。

## 二、COD、$NO_x$ 和 $NH_3$-N 分配数量的确定

从国内实践来看，根据《湖南省主要污染物初始排污权分配核定技术方案》规定化学需要量、氨氮、氮氧化物的核定：以行业排放标准（无行业排放标准的选用综合排放标准）和满负荷生产条件下的最大废水或废气排放量的计算值进行核定。而《浙江省主要污染物排放权指标核定和分配技术方法（试行）》规定：化学需氧量初始排污权的核定方法，有行业定额达标排放标准的（没有相应标准的，各地可结合当地实际制定），排污单位化学需氧量的初始排污权指标首先采取定额达标法计算。定额达标法是指按照现有的国家

行业污染物排放标准中规定的排污定额为依据确定排污权指标，计算结果高于环评批复允许排放量的，按环评批复允许排放量核定。无相应定额达标排放标准的排污单位，其化学需氧量初始排污权指标主要以环评批复允许排污量为主，参考原排污许可证排污量、“三同时”竣工验收监测报告结合生产负荷确定的排污量和满负荷生产情况下的实际排污量进行核定。环评批复和经批复的环境影响评价报告没有确定允许排放量的，其化学需氧量初始排污权指标以满负荷生产情况下的实际排污量为主，参考原排污许可证排污量和“三同时”竣工验收监测报告结合生产负荷确定的排污量进行核定。

参照原环保总局在《主要水污染物总量分配指导意见》（环发［2006］189号）中“排污单位化学需氧量总量（以下简称“COD”）指标采用定额达标法予以分配”的规定，结合河北省COD减排目标和目前建设项目环评审批中确定污染物排放控制量的操作方法，某建设项目COD排放定额原则上等于建设项目在按环评中确定的生产规模、生产工艺、污染物治理措施下，组织生产时实际废水排放量乘以环评批复中确定的排入环境的COD浓度，计算结果高于环评批复允许排放量的，按环评批复允许排放量核定。无相应定额达标排放标准的排污单位，其化学需氧量初始排污权指标主要以环评批复允许排污量为主，参考原排污许可证排污量、“三同时”竣工验收监测报告结合生产负荷确定的排污量和满负荷生产情况下的实际排污量进行核定。

而针对$NO_x$和$NH_3$-N的排污权有偿使用，初次分配数量的确定主要是参考行业排放标准，无行业排放标准的初始排污权指标主要以环评批复允许排污量为主，参考原排污许可证排污量、“三同时”竣工验收监测报告结合生产负荷确定的排污量和满负荷生产情况下的实际排污量进行核定。

在核定排污企业数据时，安装有在线监测系统的污染源，在线监测数据通过有效性审核的，按在线监测数据计算实际排放量。若某时段在线监测数据没有通过有效性审核的，该时段数据不做计算依据。

## 第三节　河北省排污权初次配售的程序

无论采用历史排放量法还是排放强度法都需要收集排污企业的一些基础信息，在这些基础信息的基础上，通过环境部门在区域允许排放总量与需要排放总量之间、各排放企业排放需求之间进行协调和权衡，才能确定排污权初次配售数量。河北省排污权初次配售活动大致应该经历以下几个步骤（见图8-2）。

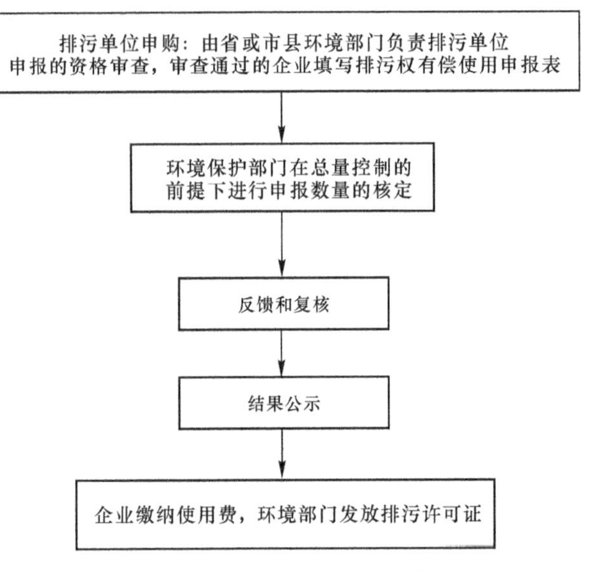


图 8-2　排污权初次配售的程序图

## 一、排污权申报

这是一个环境部门与排污源之间的信息交互过程。排污企业填写《河北省主要污染物初始排污权指标申报表》，并向环境部门申报。实际工作中企事业排污申报登记的主要内容有：企事业单位基本情况，包括企事业单位详细名称、法人代表、主要产品、原材料和生产工艺流程图等；生产工艺废气排放情况，包括排放废气的车间工段名称及主要污染物排放量等；燃料燃烧排放情况，包括锅炉、窑炉、茶炉、炉灶的 $SO_2$ 等污染物排放情况，所在功能区等；此外，还包括主要污染治理设施情况、厂区平面布置图等。而在排污权初次配售阶段的申报，主要侧重排污数量的申报，该数量的确定应与排污企业目前排污申报制度的相关信息相符，有利于实现制度上的有序衔接。

### （一）申报实行分级管理

从目前的排污权有偿使用的试点来看，各地在排污权申报管理上一般都采用分级管理。《湖南省主要污染物排污权有偿使用和交易工作规程（试行）》规定：排污单位的初始排污权分配实行分级管理。省环保厅负责分配和核定单机 20 万千瓦以上燃煤发电企业的初始排污权；市环保局负责分配和核定所辖市区范围内排污单位的初始排污权；县（市）环保局负责分配和核定辖区内排污单位初始排污权。《浙江省主要污染物排放权指标核定和分配技术方法（试行）》也规定实行属地管理原则，排污权指标核定和分配的管理根据排污许可证管理权限确定。除总装机容量30万千瓦以上燃煤发电企业二氧化硫排放权指标由省环境保护行政主管部门核定和分配外，其他排污单位的排污权指标按属地管理原则进行核定和分配：设区市环境保护行政主管部门负责所辖市区范围内的排污权指标的核定和分配；县（市）环境保护行政主管部门在设区市环境保护行政主管部门的指导和监督下，负责辖区内的排污权指标的核定和分配。因此，建议：河北省排污权的申报宜采用分级管理，由省环境部门负责总装机容量30万千瓦以上燃煤发电企业二氧化硫排放权指标核定和分配，由市（县）环境保护行政部门负责辖区内的排污权指标的核定和分配，在申报时由企业分级申报。

### （二）申报的资格审查

为保障排污权有偿使用的顺利进行，需要对申报排污权的企业进行资格审查。《湖南省主要污染物初始排污权分配核定技术方案》提出了对排污单位的资质要求：

（1）符合环境影响评价和建设项目环境保护竣工验收的有关政策要求。

（2）按照规定建设环境保护设施和应急处理设施并能正常运行。

（3）污染物稳定达标排放，按要求安装在线监控系统并正常运行。

（4）不属于国家明令禁止、淘汰和限制类的企业。

（5）无违反环境保护法律、法规或规章的情况。

对排污企业的资格审查从源头上杜绝了某些重污染企业利用排污权有偿使用投机的机会，推动了环境质量的改善。因此，建议：河北省企业申报排污权时，各级环境部门也应加强对申报资格的审查，明确审查的条件；要求申报单位安装在线监控系统并保证正常运行，污染物达标排放；有完善的环境保护设施和应急处理设备；不属于国家明令禁止、淘汰和限制类的企业，无环境违法违规记录等。

### （三）申报的主要内容——申报表

排污单位必须按照环境保护部门规定的时间进行申报登记。申报表每年填报一次。以排污申报制度为基础，根据历史排放情况和生产发展计划，排污企业可以方便地进行排污权申报工作，在申报表中填写具体申报数量。申报数量是排污企业有理有据地表明自己正常进行生产，采用符合国家环保要求的治理措施、减排设备和清洁能源所必须排放的污染物数量。根据《湖南省主要污染物初始排污权分配核定技术方案》，排污单位申报原则上以 2010 年污染源普查动态更新数据（以下简称“污普数据”）作为初始排污权指标申报量。如有以下情况，按下列要求调整申报量。

（1）有“十一五”总量控制目标的排污单位，以“十一五”总量控制目标值作为初始排污权指标申报量。

（2）无“十一五”总量控制目标的排污单位，以最新的《排污许可证》核定的排污许可量作为初始排污权指标申报量。

如最近一次核发排污许可证之后，又有新改扩建项目，则以原排污许可量和新改扩建项目“环评批复”核定的总量指标之和作为申报量。

（3）上述两项指标均不具备的新建企业，以其“环评批复”核定的总量控制指标作为初始排污权指标申报量。

（4）核定“十一五”总量控制目标、核定排污许可量或核算“污普数据”时的产能与目前产能有较大变化的，可以依据实际情况调整申报初始排污权指标。但需提供产能变化的相关证明材料。

浙江嘉兴在排污申报时侧重历年来建设项目环评审批和“三同时”验收的排污数量。建议：在河北省企业申报排污数量时，在申报表中要明确填写建设项目环评审批数量和“三同时”验收的排污数量，原有许可排污量和“十二五”总量控制目标等；以上述数量为基础，综合考虑排污直接相关的产品产量、生产（排污）设备的型号、台数、排污燃料（原料）、生产工艺、减排措施等因素来确定申报数量。

出于总量控制的考虑，排污权的申报不允许无根据的超量申购。依据信息失真，造成排污权申报明显超过合理数量的，由环境部门给予超量数额两倍以上五倍以下的排污权减配处罚，并在今后申报时必须写出申报数量必要性报告，经有关专门环境机构认可后与申报表一起递交。

## 二、排污权申报数额审核

在排污企业递交申报表后，由环境部门在规定期限内比如 30 天核定排污单位申报的初始排污权指标，并填写《河北省主要污染物初始排污权指标核定表》。排污权申报数额审核是环境部门根据排污企业申报的排污权数据，利用已掌握的信息资料和实际监测数据对申报表格中的数据情况进行逐项核准的活动。与现实的排污申报审核相类似，环境部门核定的内容有：

（1）核查排污单位是否按申报技术要求进行申报。

（2）核查排污单位的申报量是否超过其按照排放标准核算所能获得的最

大允许排放量。申报量超过最大允许排放量的，以最大允许排放量作为初始排污权指标核定量。

1）二氧化硫的核定。

火电企业：以排污绩效值进行核定。

其他企业：以行业排放标准（无行业排放标准的选用综合排放标准）和满负荷生产条件下的最大废气排放量的计算值进行核定。

2）化学需要量、氨氮、氮氧化物的核定。

以行业排放标准（无行业排放标准的选用综合排放标准）和满负荷生产条件下的最大废水或废气排放量的计算值进行核定。

（3）核查区域内排污单位初始排污权指标之和是否超过上级下达的（工业企业）污染物排放总量控制指标。如超过，环境部门可以对区域内省、国控重点污染源的初始排污权指标进行等比例削减。

（4）环境部门可以根据环境管理的需要，或综合考虑区域环境质量状况和环境承受能力，对部分排污单位的初始排污权指标进行公开、合理的调整。

环境部门对申报书进行全面审查核实后，区别不同情况进行处理：与历史排放量基本一致且其他各项依据属实可信的，通过审查予以登记纳入排污权申报数据库；低于历史排放量，经查是由于改用清洁能源、改进生产工艺或新上减排设施带来减排效果且数据合适的，通过审查，纳入排污权申购数据库并予以优先确保申购数额足量供应；低于历史排放量，经查是由于生产萎缩产生减排效果且数据合适的，通过审查，纳入排污权申报数据库与一般申报同等对待；申报数量超过历史排放量且无正当理由，或者申报数量依据不能有效支持申报数量的，或者申报数量的依据存在虚假情况的，不能通过审查，限期重新办理申报，并酌情给予处罚。

环境部门可以在排放指标总量中预留一小部分比例作为机动，以应付突发环境事件或新、扩建等新增排污需求，也可以作为地方环境整治方案中的一部分，以促进本地环境质量的快速提高。

## 三、排污权配售反馈和复核

环境部门将初始排污权指标核定结果反馈给各排污单位，排污单位如有异议，可申请向同级或上级环境部门复核，理由充分可信的应当重新审核确定申报数额。环境部门自接到复核申请之日起10个工作日内作出复核决定。排污单位对排污权指标核定结果无异议，可直接进入公示程序。

## 四、排污权申报结果公示

环境部门按照环境信息公开的原则，将各排污单位的排污权分配量核查结果在媒体或网络上向社会公示，接受社会监督。总装机容量 30 万千瓦以上的火电企业的初始排污权指标核定结果在省环保厅网站或媒体公示，其余排污单位在市环保局网站或媒体公示，公示期 15 天为宜。一般公示应包括以下内容：

（1）排污单位的名称及基本信息。

（2）拟分配（或核定）的排污权指标名称、数量等信息。

（3）有利害关系的排污单位提出意见的主要方式。

公示期间无异议的，环境部门对排污单位的初始排污权指标进行确认；各级环保部门汇总辖区内所有排污单位的初始排污权指标分配核定结果并逐级上报，送省环保厅排污权储备交易中心集中备案。公示期间有异议的，环境部门应对排污单位的初始排污权指标进行复核。

## 五、缴费购买排污权，申领排污许可证

在排污权申报数额确定并公布一定期限以后，应当按照事先规定的时间进行排污权初次配售工作。初次配售在开始阶段宜采用操控性比较强的直接发售法，按照环境部门设定的配售价格在配售额度以内由申报企业付款认购。由环境部门向企业发放主要污染物初始排污权有偿使用费缴款通知单，明确主要污染物的缴费依据、标准和初始排污权的数量及金额。企业在收到排污权有偿使用费缴款通知单后，在规定日期前（缴款通知单回执送达后一定时间）把有偿使用费转入环境部门指定的账户。环境部门凭交款收据向其排污权账户划拨相应数量排污权，具体配售工作可以由环境部门进行，也可以由环境部门委托代理人进行。具体配售有偿使用费定价由省级环境保护行政主管部门会同财政等部门共同负责制定，一般应参考当地污染治理平均成本、环境容量资源的稀缺性、环境资源供求关系、排放指标的时限以及当地经济发展水平等综合因素，不能过高也不能过低。过高，增加企业成本，企业负担不起，有偿使用难以大面积推广；过低，难以调动企业减排的积极性，环境管理效果不明显。

从试点地区来看，排污权有偿使用费的收支都实行“收支两条线”管理，排污单位缴纳的初始排污权有偿使用费属国有资源类政府非税收入，应当全额上缴财政，由财政部门制定资金使用具体管理办法。有偿使用资金主要用

于污染物减排设施建设、污染源在线监控设施建设、排污交易管理平台建设、排放指标回购，以及排污交易管理机构的日常运行等。初始排污权有偿使用费由省、市、县（市）分级征收，汇缴同级财政。财政部门负责征收管理，环保部门负责执收。环保、财政、物价、审计、人民银行等部门在排污权有偿使用和交易过程中应加强对排污权交易和排污权交易机构运作的监管，及时查处各种违法违规行为，涉及犯罪的，移交司法机关依法处理。排污权有偿使用和交易参与各方应自觉接受环保、财政、物价、审计、人民银行等主管部门的监督和检查，并应为当事人保守商业和技术秘密。

最后，排污企业凭《初始排污权申购确认表》和缴费收据到环境部门办理《排污许可证》的申领或变更手续。

排污权有偿使用制度的顺利推行，离不开环境部门各主管部门之间通力合作。《排污许可证》核发部门负责审核排污单位的初始排污权分配资质和排污权交易资质，根据排污权交易情况，办理《排污许可证》核发、变更手续。总量控制部门负责核定排污单位初始排污权分配量和可交易量。在完成国家、省下达的污染减排目标的前提下，为排污权交易提供预留指标。环境影响评价审批部门负责督促新、改、扩建设项目单位在环评审批或建设项目竣工环境保护验收之前申购排污权，核定其排污权申购量。环境监察部门负责监督检查排污单位按获得的排污权排放污染物。环境监测部门负责对排污单位污染物排放情况实施监测，提供排污单位污染物排放量监测数据。排污权交易机构（以下简称“交易机构”）负责根据《排污单位初始排污权核定方案》，制定和下达《初始排污权有偿使用费缴纳通知书》，办理初始排污权有偿使用手续，受理排污权交易申请，并组织实施交易。纪检监察部门负责对排污权有偿使用和交易工作实施监督检查，保障工作的公平、公正和合法性。

## 第四节　河北省排污权有偿使用核量规则

在深入进行理论研究和借鉴其他省市经验的基础上，河北省环保厅制定了《河北省排污权核定和分配技术方案》（冀环办［2015］268号），用于省内现有排污单位重点污染物排污权的核定和分配。该方案对主要概念做了界定。初始排污权是指现有排污单位经环境保护主管部门核定和分配取得的向环境排放重点污染物种类和数量的权利。政府预留排污权是指初始排污权核定和分配后政府预留的排污权指标。政府预留排污权在省、设区市［含省直管县（市）］两级预留。区域可分配排污权是指本行政区域内可分配给现有排污单位的排污权。可出让排污权是指现有排污单位采用淘汰落后和过剩产能、污染治理、技术改造升级等措施后，所削减的可用于出让的“富余排污权指标”。

## 一、初始排污权核定和分配

### （一）初始排污权的核定和分配权限

初始排污权的核定和分配实行分级管理。总装机容量30万千瓦及以上的火力发电和热电联产现有排污单位的初始排污权由省环境保护主管部门负责；其他现有排污单位，按照排污许可分级管理有关规定，由省及设区市［含省直管县（市）］环境保护主管部门负责审批排污许可证的单位（总装机容量30万千瓦及以上的火力发电和热电联产现有排污单位除外）的初始排污权由设区市［含省直管县（市）］环境保护主管部门负责，其他现有排污单位初始排污权由县（市、区）环境保护主管部门负责。

### （二）区域可分配排污权的确定

以本行政区域现有排污单位“十二五”末主要污染物排放总量控制目标为依据，扣除移动源、分散式生活源、非规模化畜禽养殖农业源排放量以及政府预留排污权后，作为本行政区域可分配排污权。

### （三）初始排污权核定原则

(1) 已制定重点污染物排放绩效值的行业，按照绩效值核算重点污染物排放量，与排污单位建设项目环境影响评价文件批复的总量指标进行比较后，取小值作为现有排污单位的初始排污权。排放绩效值根据国家或地方现行排放标准，参照《建设项目主要污染物排放总量指标审核及管理暂行办法》（环发［2014］197号）和《河北省钢铁水泥电力玻璃企业主要大气污染物初始排污权核定规范（试行）》（冀环办发［2014］157号）等文件确定。

(2) 未制定重点污染物排放绩效值的行业，根据国家或地方现行的排放标准、排放废气（水）量核算重点污染物排放量，其中，工业企业废水排入集中式污水处理厂的，其排污权按集中式污水处理厂执行的排放浓度标准和单位产品基准排水量核算重点污染物排放量。排放量核算结果与环境影响评价文件批复的总量指标进行比较后，取小值作为现有排污单位的初始排污权。

排污单位排放废气（水）量的确定，应遵循以下顺序：

1）国家或地方排放标准中废气（水）排放量的规定。

2）建设项目生产规模达到设计负荷时，环境影响评价文件预测的废气（水）排放量。

3）国家规定的物料衡算方法。

4）《第一次全国污染源普查工业污染源产排污系数手册》《“十二五”主要污染物总量减排核算细则》中相关行业产排污系数。

5）根据行业采用的主导工艺，参照其他各类经验系数确定。

（3）建设项目环境影响评价文件或经批复的环境影响评价报告未明确重点污染物排放总量指标的，其初始排污权以排放绩效值或排放标准确定。

（4）已通过有偿方式获得排污权的现有排污单位，其排污权指标大于按本技术方案要求核定的排污权指标时，初始排污权按照有偿取得的指标取值。

### （四）初始排污权分配原则

（1）各级环境保护主管部门对本行政区域现有排污单位初始排污权核定之和不得超过区域可分配排污权总量。

（2）本行政区域内各现有排污单位核定后的初始排污权之和超过区域可分配排污权总量的，应在本行政区域内按行业进行等比例削减或重污染行业重点削减等方式重新核定排污权。具体削减比例应根据减排目标、行业污染物排放强度、环境质量改善需求等因素综合确定。

（3）对应当纳入排污许可管理且已投产，但未取得排污许可证的排污单位，各级环境保护主管部门应对其核算初始排污权，但在核发排污许可证前暂缓分配。

（4）现有排污单位的初始排污权核定后，经公示无异议的，分配给排污单位。

## 二、初始排污权核定程序

（1）现有排污单位自行或委托第三方机构编制初始排污权核算技术报告。

（2）现有排污单位向环境保护主管部门提出申请，并提交下列证明材料：

1）河北省初始排污权核定申请表。

2）初始排污权核算技术报告。

（3）环境保护主管部门负责组织对现有排污单位提交的材料进行审核，审核结果书面通知排污单位并予以公示，公示时间10个工作日。

（4）现有排污单位对环境保护主管部门公示的初始排污权有异议的，可在公示期间提出书面复核申请，环境保护主管部门应自接到复核申请之日起10个工作日内，作出复核决定。

## 三、可出让排污权的核定

可出让排污权核定权限与初始排污权核定权限一致。

### （一）可出让排污权核定原则

（1）现有排污单位可出让排污权为减排措施完成前的初始排污权核定值与减排措施实施后污染物最大排放量差值。

减排措施实施后排污单位污染物排放浓度及排放量依据以下材料综合确定：

1）与监控平台联网，通过有效性审核的国家重点监控企业污染源自动监测数据。

2）各级环境保护主管部门的监督性监测数据。

3）减排设施竣工验收的监测数据。

4）委托省或设区市（省直管县）环境保护主管部门所属的环境监测机构取得的监测数据。

（2）现有排污单位通过全厂或部分生产设施淘汰、关停等减少重点污染物排放量的，其可出让排污权等于淘汰、关停生产设施的初始排污权。

（3）现有排污单位因以下原因之一造成重点污染物排放量减少的，不予核定可出让排污权：

1）降低生产负荷、减少产品产量，以及因市场技术等原因临时停产的。

2）仅部分时段改用清洁能源或集中供热的。

3）其他无法长期稳定降低污染物排放量的。

### （二）可出让排污权核定程序及需提交的材料

1. 可出让排污权核定程序

可出让排污权核定程序与初始排污权核定程序一致。

2. 可出让排污权核定需提交的材料

（1）可出让排污权核定申请表。

（2）营业执照和组织机构代码证。

（3）排污许可证和有偿获得排污权的有效凭证。

（4）减排工程环境影响评价文件及批复意见。

（5）减排工程竣工环境保护验收材料。

（6）淘汰、关停的企业或生产线应提供当地政府关停文件。

（7）其他有关材料。

# 第九章　排污权的抵押贷款、回购和存储问题

排污权的抵押贷款、政府对排污权的回购收储、排污权单位对排污权的结转储存、掉期使用都是排污权制度发展过程中衍生出来的问题，同时又是搞活排污权市场、鼓励企业参与排污权积极性、实现政府对排污权市场进行调控的重要工作。但这些问题相对牵涉面广，制度设计更为繁琐，尤其企业对排污权的结转储存与掉期使用，与企业自主生产经营和区域环境质量调控密切相关，是一项典型的高端制度设计。试点工作中，一些省市出台了排污权抵押贷款制度、一些省市尝试了政府回购收储制度，但企业的结转储存与掉期使用制度一直处在探索过程中。河北省排污权试点过程中，对这三项制度都进行了研究，根据成熟程度形成了相应工作建议，最终走向实践的只有排污权抵押贷款制度，政府对排污权的回购收储的一部分分散体现在了其他文件和实践工作中，企业的结转储存与掉期使用仍在研究，这里不做具体介绍。

## 第一节　排污权的抵押贷款问题探讨

国务院《关于进一步推进排污权有偿使用和交易试点工作的指导意见》规定："排污单位在规定期限内对排污权拥有使用、转让和抵押等权利。"抵押成为"使用""转让"之外的排污权的第三大权利。

### 一、排污权抵押贷款的基本情况

排污权信贷指企业以自有的、有偿取得的、依法可以转让的排污权为担保，在遵守国家有关环保、金融和产业生产的法律、法规基础上，向金融机构申请获得授信的融资活动。排污权信贷是我国商业银行遵循绿色信贷的基本要求，借助排污权这一环境管理衍生品，针对环境投资，创造性开发出的一种新型绿色信贷产品，是一种依托环保、服务环保的，对环保直接提供信贷融资的金融创新。

2008年9月，浙江省嘉兴市率先进行了排污权信贷尝试，此后，山西、湖南、河北等排污权试点省也推出了排污权信贷政策。

以河北省排污权信贷做法为例，《光大银行石家庄分行排污权质押授信业务管理办法》规定，排污权信贷“主要用于企业购买排污权或支付排污权有偿使用费、减少污染物排放的技术改造等生产经营活动，不得用于购买股票、期货等有价证券和从事股本权益性投资，不得用于违反国家有关法律、法规和政策规定的用途”，是典型的商业银行直接提供环保资金的金融信贷类型，直接服务于“减少污染物排放的技术改造”。在授信额度方面，该办法规定最高可以达到排污权评估价值的80%，期限按不超过企业《排污许可证》有效期限的届满日且最长不超过3年来执行。

排污权信贷这种金融创新对我国环保工作具有突出的推进作用，其一，它创造了商业银行直接投资环保性生产方式改造的新方式，提供了环保资金筹集的新渠道；其二，我国正处在排污权制度的试点阶段，有些企业对环境资源化认识不足，对排污权的市场性特点了解不深，对排污权制度的认可度不高。排污权信贷在企业可以用于排污和市场交易之外，又为企业的排污权谋取到了一种新出路，从而为排污权制度进行了宣传和推广，为这一新型环境管理制度在我国的尽早全面实施提供了帮助。当然，作为金融业务创新，它也为商业银行自身增添了一种可靠的信贷业务，既符合了国家的金融产业发展导向，又切合了企业的融资需要。

## 二、河北省排污权抵押贷款制度的主要内容

2014年4月14日中国人民银行石家庄中心支行与河北省环保厅联合出台《河北省排污权抵押贷款管理办法》（以下简称《管理办法》），办法共十二章四十一条，分别从运行机制和总体原则、排污权抵押贷款的办理程序和要求、排污权抵押贷款的登记、占管和处置，以及监督管理等方面做出了具体规定。

该《管理办法》对排污权抵押贷款工作中的环保和银行工作分工作了规定。环保部门主要负责排污权抵押贷款相关信息提供、查询、抵押登记以及协助贷款人处置抵押排污权。中国人民银行主要负责利用货币政策工作，引导银行业金融机构积极开展此项创新业务，并将企业环境信息录入征信系统，为开展绿色信贷提供信息服务。

排污权抵押贷款的发放和使用应遵循环境性、效益性、安全性和流动性原则，为规范业务开展，依据相关法律、法规、规章制度的要求，《管理办

法》对借款人的准入条件与职责、贷款程序、贷款用途与额度、贷款利率与期限、贷款合同内容以及登记与占管等分别做出了具体明确的规定，为相关各方提供了操作依据。排污单位最高可以获得排污权评估价值80%的信贷额度。

《管理办法》同时也要求银行业金融机构严格按照规定程序做好排污权抵押贷款的贷前调查、审批、贷后管理和风险预警等工作，应监控借款人贷后资金用途，密切关注借款人经营状况、污染物排放情况，及时了解影响抵押排污权价值的市场因素和政策因素，采取有效措施防范和控制信贷风险。

## 三、排污权抵押贷款的问题和发展思路探讨

### （一）当前排污权信贷面临的主要问题

#### 1. 理论层面上还有一些争议急需明确和界定

排污权信贷在理论上还有一些需要研究和澄清的事项，主要表现在两个层面的争议，一是排污权是什么权，二是排污权信贷的担保是什么担保。

关于排污权的性质和权利类型之争，比较有代表性的观点主要包括：排污权依托于排污许可证，属于一种行政许可权；排污权理论缘起于产权经济学，是一种人对自然环境的基本权利，是一种与获取清洁环境权相对应的使用环境进行排放的权利；排污权对应环境资源，具体为环境容量资源，可以理解为一种财产权，具体又有准物权、他物权、用益物权等不同的观点；具体操作层面上，美日德等国在财务上都有把排污权列为存货和无形资产的争议，目前，这种争议在我国也普遍存在。排污权的性质和权利类型没有定论，导致排污权信贷理论根基不实，在不同银行的业务划定及其具体规则上各具特色，银行和企业的财务操作上也不统一，在该种信贷的可比性、统计宣传推广方面等都存在一定的影响。作者更倾向于排污权对应专门的环境容量资源用益物权，是一种无形资产，无形的新型生产要素类型。

关于排污权信贷的担保类型之争，浙江、山西等地推出的是“排污权抵押贷款”，河北省推出的是“排污权质押贷款”。抵押和质押是法定担保的两种具体形式，抵押一般用于不动产以及和不动产密切结合的大件财产，质押分为动产质押和权利质押两种，抵押大多需要办理登记但无需转移财产占有，质押大多需要转移财产占有但无需办理登记。但法律对两者的以上特点都给出了例外规定，所以，无论是动产、不动产还是权利，无论是否转移占有，无论是否登记，都难以唯一推断出排污权信贷的担保到底应该是抵押还是质

押，尤其排污权信贷是一种新业务类型，不在《担保法》具体担保形式的适用对象列举明细之中，无论适用抵押还是质押，都只能对应“其他”类型，即《担保法》第34条之“（六）依法可以抵押的其他财产”和第75条之“（四）依法可以质押的其他权利”。无论界定为抵押还是质押，都不违背法律的规定，但在具体操作办法上就会出现差异，对该种业务的推广产生影响。作者认为对排污权适用抵押规定体现出对排污权环境资源财产特点的看重，而对排污权适用质押规定体现出对排污权权利凭证的看重，是把排污权权利证书与其所代表的环境资源财产既区分又联系的统一认识，而后者在法理、经济理论和操作层面都更合适一些。

理论层面上的争议显示了排污权信贷理论还不够稳固，间接影响到相关人员对它的认识，进而在一定程度上影响其成长和发展。

2. 业务层面上还有一些风险需要研究和谨慎对待

作为一种创新型业务，排污权信贷市场磨合还比较少，在具体操作中的技术风险、市场风险、道德风险等还需要逐步体验、逐步发现、进一步研究。但这些风险毕竟属于银行开展业务的正常风险，可以通过完善制度、精细化工作、严格流程、制定防范措施等进行预防和监控，真正导致排污权信贷业务谨慎成长缓慢开展的原因在于以下几种风险。

其一，排污权设置担保获取信贷后的自身使用削减风险。排污权本质上是环境部门核定配置的企业排放许可量，对企业而言，它主要是一种“消耗品”，随着企业生产开展的进程而逐步被“消耗”，企业在环境部门的“排污权账户”余额逐步减少，最终会消耗殆尽，缩减为零。排污权信贷，无论是作为抵押贷款还是质押贷款，按照现有的规则和做法，都只对抗企业对排污权的出让和许可他人使用，不对抗企业对排污权的这种正常使用。也就是说，排污权的“价值”或者“评估价值”是随时间发展而变动的，这种变动性在与一般担保品的折旧性贬值、市场性升值和贬值拥有同样特点的基础上，还有这种突出的特点。这种特点与专利权商标权用作质押后的自身使用不同，专利权商标权的自身使用不会必然降低该权利的价值，而用作抵押或质押的排污权被企业继续使用必然导致排污权“财产”不断减值。这种风险非常棘手，如果规定排污权设置担保后可以对抗排污权人的正常使用，必然导致企业因没有排污权而停工（或者违法无证无权排污），这无异于排污权信贷业务的“自杀”行为；如果放弃80%或70%的当期排污权评估价值信贷额度标准，按照放贷到期日的排污权余量来评估排污权价值，那“信贷额度”将少得可怜，失去存在的意义。这种风险如何解决，如何在信贷办法中予以充分考虑并设定相应规则，既保障对企业有吸引力的信贷额度，又能使银行风险得到防范，是一个迫切需要解决的问题。

其二，排污权信贷违约时银行拍卖变卖排污权后的企业的停产风险。企业到期无力还贷是各种信贷业务都可能遇到的情况，《光大银行石家庄分行排污权质押授信业务管理办法》第十八条规定，“授信申请人到期未履行还款义务或者发生当事人约定的实现质押权的情形，质押权人可以依法处置质押的排污权”“质押排污权的处置方式包括：（一）通过排污权交易向符合要求的第三方转让。（二）符合政府回购条件的，可申请政府回购储备。”无论出让还是回购，都会导致贷款企业丧失排污权，进而导致企业因没有排污权不能合法排放而无法开工生产，这种风险会在一定程度上令贷款企业慎重对待排污权信贷。

其三，排污权信贷自身的排污权政策风险和信贷政策风险。排污权信贷是一种业务创新，创新业务多数都存在着政策环境的变动调整风险。首先，排污权政策目前尚处在部分省市的部分地区试点阶段，排污权政策下一步向何处去，是收是放，是加快还是放缓，是拓宽还是维持，以及具体的规则做法，都还处在待定状态中；其次，排污权信贷政策，从中国人民银行到银行业协会都还没有具体的态度和指导意见，其业务的开展和办法的制定大多都由银行的基层单位来操办，全国性的总行乃至于省级分行都尚未形成文字意见，而且开展这些业务的目前仅限于商业银行、光大银行等非国有的中小型银行，国有大型银行尚未开办这种业务。从这些情况来分析，排污权信贷的政策风险在很大程度上束缚了银行的手脚。

3. 法律层面上还有一些事项有待法律的完善和发展

第一，排污权本身缺乏“法律准生证”，连“法规准生证”都处在未定状态。在国家的环境法律法规体系中，没有“排污权”的相关规定；在环保部的法规和办法中，也没有关于排污权的地位、性质、做法的相关规定，试点省份有人戏称自己在做“非法管理活动”。我国民间研究排污权已有将近30年的历史，环保行政部门安排排污权研究已有近15年的历史，国务院文件提出排污权政策已有10年历史，环保部和财政部安排排污权省级试点工作已经有6年历史，排污权“法律地位未定”的状态迫切需要改变；否则，势必影响依托排污权发展起来的排污权信贷业务。

第二，排污权信贷法律地位模糊，其一，排污权这种新生事物能否用以贷款，金融法律法规中没有规定，找不到具体的依据；其二，排污权用作担保形式到底按照抵押还是质押来操作，根据《担保法》无法做出明确判定，其他信贷法律法规也找不到法律依据。目前，只能按照相关法律没有禁止性规定，以法律中的“其他”条款为依据，以国家政策和领导人讲话精神为导向，来尝试开办该项金融业务，这种情况对排污权信贷业务的大范围开展也非常不利。

4. 最关键的问题是排污权信贷总体规模的制约

第一，排污权在我国仍然处于试点阶段，目前获得国家批准的试点省市区仅有11个，而这些省市区大多又并非全行业、全地区开展试点。按照这种情况推算，全国试点排污权的排污量未必能占到总排污权量的1%，所以排污权的实行地区较少，排污权覆盖的行业和污染物种类偏少，排污权未能在新老企业和项目中全面开展，都极大地限制了排污权的总体规模，并进而限制了排污权信贷的总量规模。排污权试点范围不拓展，不在全国推广，不覆盖新老企业，排污权带来环保准入条件、成本就不能全国统一，就会有负担不公的问题，导致排污权自身的正常发展受到影响，并进而限制排污权信贷的总体规模。

第二，排污权试点地区在配置排污权时大多制定了政府“基准价格”，这些基准价格大多根据典型企业当前削减排污量平均成本测算，与污染物的致损价值和污染物的治理消除成本无关，且考虑环境容量稀缺程度较少，所以多数价格较低，与市场拍卖交易价格相比，有的省市基准价格比同期拍卖价格低1倍甚至2倍。在排污权信贷额度确定时的“价值评估”中，基准价格是最基本的评估依据，尤其涉及银行最终处置排污权抵押（质押）物时，环境部门“回购”排污权是以基准价格为基础的。所以，银行放贷额度基本上是“排污权记载的排污额度×排污权基准价格×80%”，排污权基准价格普遍较低的现实，使得最终排污权信贷额度的总体规模也受到限制。

排污权市场存量小，排污权的政府“基准价格”较低，导致排污权信贷的现实可操作数量较小，难以形成“规模经济”。无论对于银行还是贷款企业，与其他资产担保融资业务相比，排污权质押贷款在其相应业务总量中的比重也比较低，银行和企业的业务积极性也会受到影响。

### （二）我国排污权信贷的发展思路

排污权信贷迎合了当前节能减排的社会发展大趋势，具有利于银行、企业、环保投资、排污权制度推广的“四惠”特点，是一种不可多得的绿色信贷创新业务，亟须推进发展。

前面分析了排污权信贷发展中的几个问题，我们认为，一般的问题，在发展过程中都可以正常化解，我国市场型金融信贷工作已经开展30年，有了较为丰富的理论认识、实践经验和应对能力。真正影响排污权信贷工作的，是排污权自身的问题，推进排污权信贷业务快速持续开展的功课应该主要做在信贷业务依托的排污权上。

1. 提高排污权数量核算和发放的科学性

排污权数量核定是一项复杂的技术性工作，也是容易出现“权利寻租”的环节。排污权遵从总量控制的原则，依照地区环境容量测定地区排污权总量，再把该总量科学分解后配置给地区内的企业。环境容量测算需要分污染物类型考虑各种影响因素分别进行，具体到地区排污权总量，还需要考虑各种污染物之间的相互影响；分解到企业的时候，涉及地区经济总量、结构、发展方向、政府导向等多种因素，也关系到公平公正和社会影响。该环节技术要求非常高，数据繁杂，运算量庞大，稍有疏忽就可能出现问题。

作为对应环境资源具有明显财产性的一项权利，获得排污权不单纯意味着环境的市场准入，企业可以开工生产，还意味着可以用来担保获取贷款，也可以直接出售获取收益。排污权的分配配置越来越受到企业重视和社会关注，许多企业想尽办法谋求更多的获取排污权，尤其是价格相对低廉的初始排污权，违法违规的风险就会明显增加。

排污权发放不科学不严格，将严重降低排污权的权威性、有价性和基于排污权的一切活动，导致排污权泛滥，排污权市场价值贬值，排污权信贷名存实亡。所以，一要加强工作的技术介入力度，二要严防“权利寻租”。只有这样，排污权才有威信，排污权信贷才能健康持续发展。

2. 规范排污监控，严控无证排污和偷排行为

环境容量的消耗，即企业的排污排放行为，是一种在物理实践上的非排他性活动，排污权仅仅是法律上的限制，依赖于企业的自觉守法和环境部门的严格执法来维持，并不能在物理上限制和规范排污。

目前，我国工业企业偷排滥排的现象比较多，深井地下排污、夜间偷排或关停减排设备、掩藏隐匿排放口、少报多排、应对检查等现象在社会上被广泛唾弃，尤其是一些小作坊黑企业，连基本的环保手续都不办理，肆意排放。这些现象的存在，导致严重的“劣币驱良币”现象，既然无证可以排污，1t许可量可以排10t，就会严重扰乱排污权管理制度，使总量控制和排污权配置信息失真，排污权的地位和信誉严重削弱。无证排污和偷排行为会缩减排污权市场总量，挤压排污权质押贷款，还会造成企业故意不回赎的“恶意”排污权质押贷款增加现象，从源头上毁损排污权质押贷款业务。

加强和规范企业排污监控，搞清楚企业真实的排污量，是做好排污权工作的关键。在此基础上，严控无证排污和偷排行为，可以严肃排污权的权威性，保证排污权的价值，把违法排放部分纳入排污权范围，从数量和价值两方面提升排污权信贷的规模，并提升排污权信贷的银行与企业的共同认同度。

3. 扩大排污权制度适用范围，鼓励排污权二次交易

在上一节的（四）部分已经就当前排污权的试点范围问题作了说明。排污权在我国经历了近30年的研究，曾多次进行研究试点，并已经开展了多年的工作试点，可以有效推进我国环境管理的市场化进程，具备了全面推广的条件。当务之急是尽早推广排污权工作，并逐步制度化，为排污权信贷奠定牢固的基础，并为规模化发展提供前提。

排污权二次交易规则的成熟和数量增加，能明显提升排污权的“变现性”和“市值”，提高银行对排污权质押贷款的积极性，减小排污权质押贷款的风险。

4. 尽快制定和完善相关法律法规，以法律规定明确理论取向

针对当前排污权制度法律法规欠缺的问题，应在前期20年研究的基础上，尽快修订环保法，把排污权纳入环境法律体系中，由环保部制定和颁发排污权的基础性法规办法，规范排污权的基本制度。同时，研究出台排污权信贷的基础性金融法规条例，鼓励和规范排污权绿色信贷发展。法律法规的制定，必然会给理论上的争议指明主流方向，便于理论的进一步发展。

5. 中小企业是排污权信贷的主战场

中小企业在数量上占企业总数的99%，承担国内生产总值的50%、税收总额的43%，社会商品销售额的57%，全部企业从业人数的75%。同时，中小企业的单位产值排放率也居高不下，污染排放量占整个工业污染排放总量的50%。中小企业一般设备落后，管理规范性不高，环保基础薄弱，规模经济性差，资金紧张，享受政府生产经营扶持和环保改造补贴等机会少，融资需求欲望强烈。与财大气粗的大型企业相比，排污权信贷额度在企业资产中的占比和在全部融资量中的占比，在中小企业中的地位明显较高，更受到中小企业的看重，当然，也受到中小型银行的看重。这种特点在目前已经有所体现，并且必然会一直延续这种趋势。应当及时抓住这个特点，积极鼓励银行对中小企业的这种“雪中送炭”的信贷业务，缓解中小企业的“贷款难”和环保资金缺位的问题。

## 第二节　排污权的政府回购问题探讨

### 一、回购的含义

所谓排污权回购是指企业在购买排污权后，通过各种途径节能减排，有富余指标可要求交易中心依法回购排污权。

政府为推动当地经济发展，必须对排污权进行必要的“储蓄”，同时通过回购排污指标，也能促使企业进行必要的技术改造。

绍兴市是我国开展排污权有偿使用和交易模式最早的地市之一，其模式有其独特、先进所在。绍兴市虽没有建立排污权储备交易平台，却由政府成立了排污权有偿使用和交易管理机构，对排污权交易工作进行统一管理，积极推行排污权抵押贷款和短期租用模式。为企业生产服务，同时也有效促进了污染减排工作。但绍兴模式也存在不足之处，主要在于其交易的保守性，绍兴市规定富余排污指标既能由政府回购，同时也允许有供求关系的双方企业可以自由交易，转让价格由交易双方自行协定。而企业因享受优惠政策而无偿获取的排污指标存在富余时，只能由政府无偿收回，不得进行交易。一旦政府回购后，该余量即作为政府的排污总量指标进行储备，企业对该部分富余排污指标没有了自主权。虽然绍兴市也有条件地规定了排污指标供需双方之间的转让行为，但是显然不够开放且不很规范。

因此，河北省可以在借鉴“绍兴模式”的基础上，进一步发展创新，在建立排污权储备交易平台的基础上，完善河北省的排污权回购制度，即在排污企业出售其富余排污指标时，无论该排污指标以何种方式取得，均可以进行以下两方面的交易：一方面允许其他符合购买条件的指标短缺企业积极参与竞标，在自愿的基础上进行交易；另一方面，在统筹全省环境总量的基础上，从战略的高度密切关注排污权交易对各区域污染物排放量及环境状况的影响。利用政府回购加强对环境的控制和排污权市场的调节，使政府这只看得见的手在排污权交易市场里起到“四两拨千斤”的作用。

### 二、回购的基本条件

购买排污权指标后，排污单位有下列情形之一的，储备管理中心应当按照其购买当年的排污权指标出让价格的政府指导价回购其剩余的排污权指标并出具回执，环境保护行政主管部门应当依法变更或者注销其排污许可证：

（1）除因不可抗力或者国家政策、产业结构调整等原因造成排污权指标暂时无法使用或者无法按期按量使用外，排污单位因自身原因造成排污权指标连续两年闲置或者连续两年使用排污权指标不足百分之八十的。

（2）享受优惠政策无偿获取的多余出的排污权指标。

（3）排污单位破产、关停、被取缔或迁出本行政辖区，其无偿取得的排污权指标。

（4）新建、改建、扩建项目取消的，其通过政府出让获得的排污权指标。

（5）排污企业通过改善排污装置的效率所获得的排污指标节约量。

（6）排污单位根据政府减排要求在排污许可权限内削减的排污指标，在排污许可证上直接核减，不得转让。

（7）法律、法规和规章规定的其他情形。

## 三、回购的价格

（1）除因不可抗力或者国家政策、产业结构调整等原因造成排污权指标暂时无法使用或者无法按期按量使用外，排污单位因自身原因造成排污权指标连续两年闲置或者连续两年使用排污权指标不足百分之八十的，环保部门按核定后的交易市场成交价的80%进行回购，并作为排污权储备量纳入统一管理，排污单位不得转让。

（2）享受优惠政策无偿获取的多余出的排污权指标，由环保部门无偿收回，作为排污权储备，排污单位不得转让。

（3）排污单位破产、关停、被取缔或迁出本行政辖区，其无偿取得的排污权指标由核发排污许可证的环保部门无偿收回，作为排污权储备，排污单位不得转让。

（4）新建、改建、扩建项目取消的，其通过政府出让获得的排污权指标由核发排污许可证的环保部门按其取得的原价进行回购。

（5）排污企业通过改善排污装置的效率所获得的排污指标节约量，可以由排污企业自行按照公平交易原则自行交易或采取政府回购的方式进行。采用政府回购方式进行的，其回购价格可按一定比例高于当年的指标成交价，以激励企业自愿的节能减排积极性。

（6）通过有偿获取或交易获得排污指标的排污单位，发生上述情况时，由交易管理中心按不低于指标成交价和剩余指标的有效年限回购。

（7）企业自购买排污指标2年内仍没有开工建设的，交易管理中心有权按不高于其购买价收回排污指标。

（8）排污单位根据政府减排要求在排污许可权限内削减的排污指标，在排污许可证上直接核减，不得转让。削减部分给予适当奖励，奖励额度原则上不低于同期按政府回购基准价回购的价值。

主要污染物排放权交易市场成交价格不得低于交易基准价。主要污染物排放权交易基准价，由省价格主管部门会同省环境保护行政主管部门确定并定期公布。

## 四、回购的程序

(1) 主要污染物排放权交易主体（企业），可就交易取得的或通过节能减排取得的排污指标向所在地及以上环境保护行政主管部门申报。

(2) 主要污染物排放权交易一般采取污染物交易基准价定价方式。

(3) 环境保护行政主管部门经过审核，批准对该企业富余指标进行回购。

(4) 审核企业取得该指标的交易基准价格并按照其指标量和有效年限进行回购价格的计算。

(5) 将回购的价款存入交易管理中心的企业子账户并通知企业办理排污权证的变更。

(6) 企业持变更后的排污权证和排污指标回购回执领取回购款。

## 五、特定情况的回购处理

### (一) 违法行为所涉及指标收回

排污单位有下列情形之一的，排污权储备管理中心应当无偿收回其剩余或者骗取的排污权指标，环境保护行政主管部门应当依法注销其排污许可证。

(1) 无偿获取排污权指标后，迁出本行政区域的。

(2) 被依法责令关闭或者取缔的。

(3) 弄虚作假，骗取排污权指标的。

(4) 法律、法规和规章规定的其他情形。

### (二) 排污权抵押贷款情况下的回购

排污权回购过程中，还存在着排污权抵押贷款这一需要考虑的特殊情况。

排污权抵押贷款是指借款企业以有偿取得的排污权为抵押物，在遵守国家有关金融法律法规和信贷政策的前提下，向银行申请获得贷款的融资活动。排污权抵押贷款模式不仅为企业盘活了资产，而且极大地提高了企业的治污积极性。

绍兴市排污权抵押贷款的对象为全市持有《污染物排放许可证》且排污

量未超过规定总量的企业。符合条件的企业申请贷款的额度不得高于抵押排污权评估价值的80%。贷款主要用于生产经营和环保项目，贷款期限为1～5年，贷款利率按现行的银行利率管理规定执行。一旦发生借款人未能按期履行合同的，债权人实施权利可有两种途径，即通过市场交易方式向符合要求的第三方转让排污权以实现权利，或按合作协议规定要求环保部门实施排污权回购。

《河北省排污权抵押贷款管理办法》明确了抵押排污权的处置条件、处置方式以及受偿原则。当满足抵押排污权处置条件时，银行业金融机构可通过交易方式或政府回购两种渠道对抵押的排污权进行处置，处置所得由贷款人优先受偿，以有效保障银行业金融机构的信贷资产安全。

## 第三节　排污权的存储问题探讨

在研究阶段，作者曾起草提出河北省排污权储备制度的基本规范，其最核心的规则是：省、设区市和省直管县（市）政府应当安排财政资金，建立排污权储备制度，将储备排污权适时投放市场，重点支持战略性新兴产业、重大科技示范等项目建设。储备排污权主要来源包括：（1）初始排污权核定和分配后的预留量；（2）排污权交易管理机构回购或回收的排污权；（3）政府投入资金进行污染治理形成的富余排污权。该规范从一个角度解释了排污权存储的概念和定位。

### 一、排污权存储工作经验借鉴

为保障重大项目建设的环境容量，加强对排污交易市场的调控，在初始排污权分配时，政府会预留一定比例的排污权；或是由政府回购或强制收回部分排污单位因产业结构调整、技术进步及其他关闭、停产、转产、迁出而腾出的排污权等方式，建立排污权储备。

在基于目标总量控制的排污权交易市场中，新增企业、新建项目的污染物排放权必须由旧企业、旧项目释放而来。要使排污权交易能够持续进行就需要排污权的指标要足够，为了在短期盘活交易量，发挥交易中心的储蓄功能，排污权指标的收储机构应当制定相关的规定来促进排污权交易市场的活跃性。

例如，目前对排污权存储管理较好的嘉兴市排污权储备交易中心就针对排污权存储制定了三条规定：一是通过行政审批或者购买获得的排污指标，五年内有效，超过五年，指标收回；二是企业通过行政审批，获得多余指标，超过两年不用的，指标收回；三是企业通过行政审批，获得多余指标，两年内要用的，可以存到交易中心。

由于排污权这种资源相对稀缺，为了鼓励取得排污权的企业将其拥有的富余的排污指标在当地进行转让，可以考虑允许排污权交易所产生的增值在企业和政府之间分成来增加企业进行排污权交易的积极性。

除了上述的强制规定和鼓励措施之外，排污权指标的收储机构还应当充分发挥其储蓄功能，主动积极地应对排污权市场的新增需求以及公用事业建设排放污染物的需求。排污权指标的收储机构存储多少指标存量主要依据当地的经济发展规划，为短期内进入区域的满足当地环保质量要求的新企业和即将上马的项目以及公用事业建设预留指标。对政府出于公共利益建设城市基础设施或者公用事业建设需要排污权指标，若市场有富余指标时，可以通过政府指导价进行申购；若市场暂无交易指标时，就可以动用收储机构的存量指标并以无偿分配的方式满足其对排污权的需要。

嘉兴模式具有以下特点：

第一，明确交易规则。制定交易办法及其实施细则，构建排污权交易基本框架，明确排污权交易规则，直接进行排污权交易，关注交易效率。

第二，企业化运作。排污权储备交易中心以企业形式注册，依托市环保局开展业务，实行政企分开的运作模式，充分发挥其储蓄功能，不断充实主要污染物排污权储备量。

具体做法是：（1）对企业已经通过环保部门许可，但未施工建设且时间超过 5 年的，收回排污权。（2）对企业内部未经申报或闲置期超过 2 年的，经环保部门确认后无偿收回。（3）对企业内部存在的闲置期未超过 2 年的主要污染物多余指标，鼓励企业将其出租给交易中心。

第三，排污权资产化。利用储备和收回的排污权，开展年内短期出租业务，利用好当年度的环境资源，当年度有多余排污指标的企业可以将排污指标放在交易平台上出租；而需要排污指标的企业，可以到交易平台上来租排污指标，这就较好地解决了当年度如何用足用好总量问题，也可以减轻企业一次性买断排污权的经济压力，同时也有效防止了企业囤积居奇现象的发生。

## 二、河北省排污权存储工作探索

结合浙江省部分地区的先进经验，河北省在排污权的存储方面可以通过政策的制定和具体工作的实施来有效开展排污权的相关工作，具体分析有如下内容。

1. 存储的条件

凡符合下列情况的，均可纳入排污权存储的范围，具体有：

（1）现有排污单位或其排污设施被依法关停、取缔，其无偿获得的排污权由环保部门无偿收回的部分。

（2）通过有偿方式获得的排污权可通过交易转让但未出让的份额。

（3）企业自行关闭、破产、转产的，其拥有的排污权可转让，也可申请由交易中心收购，但排污权闲置期不能超过两年。

（4）现有排污单位富余的排污指标在委托出让期满仍未出让的，可由交易中心按照基准价回收储备。

（5）城镇污水处理厂等区域集中处理设施取得的主要污染物削减量，由交易中心无偿收回并进行储备。

（6）排污单位根据政府减排要求在排污许可权限内削减的排污指标，在排污许可证上直接核减，不得转让。削减部分的排污指标纳入该地区排污权存储的统一管理。

（7）交易中排污权按年度进行转让，合同期满排污权仍归卖方所有。合同期内买方未使用完的排污权可结转下一年度使用，甚至可以有条件地出让给第三方使用。

2. 存储的方式及程序

排污权交易市场建立后，企业可将减排的信用额度储存在环境银行或者留到企业以后使用，或者可以出售；企业也可以从交易市场购入信用额度用于企业扩大生产而增加排放的需要。

另外，建立“排污银行”或“环境银行”开展环境容量及排污量存贷业务，实行排污权信用储存、借贷，以推进不同时点上的排污权交易，促进环境资源的合理配置。排污量存储政策可以将产生的减量以信用的形式进行确认并存储起来留作将来使用或用于交易、抵消新排放源的排放量的增加。对于企业将排污量信用存储的业务，由于其资产所有权并未发生改变，只是存储形式的变化，也不产生利息，因此不涉及账务处理，企业只需要将有关存储信息进行披露。

## 三、河北省排污权存储量的使用问题

省级环保部门为提高政府在排污权交易市场的调控能力，应建立排污权的储备制度。在排污权交易市场不发达的情况下，企业无法通过市场获得排污权时，环保部门有一定的储备量可以为新建或改建的重点项目提供支持，可以避免企业在没有获得排污权证的情况下违规生产经营的情况，也可以保证区域的排污总量控制水平。而对于退出市场的企业的排污权在无法进行市场交易的情况下，由储备系统负责接收，不仅有利于环保部门了解总量控制的水平，而且新获得的储备量也为其他项目提供了新的排污权，避免环境容量资源造成浪费。在排污权交易市场发达的地区，环保部门更容易利用市场储备制度对排污权交易市场进行控制。因此，河北省在建立排污权有偿使用和交易制度中应增加排污储备制度的条款，既加强了环保部门对排污权证的管理，也可对排污权市场起到一定的调控作用。

1. 存储量使用

经过对其他省市排污权存储量使用情况的调查，作者认为河北省排污权存储量主要可以有以下使用途径：（1）对符合河北省产业发展政策及重点扶持和发展领域的企业，可以采取适当增加份额的方式分配排污指标。（2）对地区通过审批的，达到排污要求的新增项目，若无法从排污权市场中取得满足企业生产的需要的排污指标的差额部分，可以使用排污权储量进行配置，满足地区经济发展的需要。（3）对地区通过审批的，达到排污要求的改扩建项目，若无法从排污权市场中取得满足企业生产的需要的排污指标的差额部分，也可以使用排污权储量进行配置，满足地区经济发展的需要。

2. 交易的条件

（1）排污权存储量交易应满足河北省产业结构调整和经济发展的需要。

（2）排污权存量的交易应以河北省环境总量控制的数量为前提，对超过总量控制标准的项目不得动用总量控制之外的指标进行超额发放。

（3）排污权存储量的交易价格应以河北省每两年修订过的交易基准价为基础。

（4）排污单位有下列情形之一的，在整治完成前不得申请存储量的交易和发放：1）被列为环境保护信用不良的。2）被实施环境保护挂牌督办的。3）处于污染源限期治理期间的。4）被区域限批的。5）法律、法规和规章规定的其他情形。

（5）在水环境质量化学需氧量、氨氮指标不达标或者大气环境质量二氧化硫、氮氧化物指标不达标的区域，排污单位不能在原指标的基础上申请交易本区域内的排污权指标，也不得跨区域交易。

# 第十章　河北省排污权使用监测问题研究

排污权在试点过程中也遇到了一个关键性的难题：作为一项无形性、可消耗性、产权边界抽象性的新型权利，排污权初始数量配置和消耗数量测定受到了企业的质疑，这里面存在技术的问题，也存在大量的道德风险问题，尤其是道德风险问题，既存在环境管理部门的权利寻租，也存在企业偷排漏排和排放数据造假问题。2015 年 6 ~ 11 月，环保部组织各级环保部门对污染源自动监控运行情况进行监督检查，发现 2658 家企业污染源自动监控设施存在不正常运行、超标排放等问题。2015 年 3 月全国人大环境与资源保护委员会副主任委员袁驷说："偷排偷放不是一个小比例，是一个大比例。"在环保部门公布的偷排漏排数据作假的企业中，华润、中电投、中石油、大唐、神华、华电、中石化等大型央企子公司也都赫然在列。偷排偷放，环保数据失真，造成包括排污权制度在内的环保措施失去了针对性，排污权初始数量配置的可信度遭到质疑，排污权后续使用消耗数据认定的真实性准确性也遭到质疑，严重影响排污权制度的威信及其发展。

## 第一节　河北省排污权使用监测系统

加强排污监督是实行排污权制度的基础，排污量监测系统是企业污染排放数据库，使得地方环保局能够及时掌握企业各类污染源排放情况，即监督排污权使用企业的实际排放情况，监测其遵守排污权计划的运行状况。污染排放监管体系的有效性是保障排污权交易机制运行的重要环节，必须构建一套完备的监控体系，对排污权实际使用进行及时监测。

### 一、排污量跟踪测定工作的基本技术性要求

排污量跟踪监测工作是一套全面的排放数据测定、收集、审查和维护系统性工作，数据量非常庞大，靠手工来做是不可想象的，所以应当要求所有的环境管理机构和污染源安装相应电子化装置。具体来说，应包含以下技术

性要求：

（1）网络系统。网络技术是快速沟通环境行政机构、污染源、交易市场及其他相关部门的基础要求，是企业排污量数据等信息传递及跟踪的基本条件，应本着标准化、先进性、成熟性和安全性等原则建设和完善排污权网络系统。

（2）硬件设备及管理信息系统。网络、管理设备的选取至关重要，应当综合考虑设备的处理事务能力和速度、可靠性、技术先进性、开放性和易于升级、扩展。管理信息系统的设备包括微机工作站、服务器和网络产品3部分，配备微机是各级环境管理部门和参加交易的企业的最基本要求。

（3）监测设备。参加企业应具备连续监测系统，包括排放的污染物浓度监测器、流量计、黑度计、计算机数据采集与处理系统等。

（4）排放跟踪软件。排污交易要求参加企业必须具备连续监测系统，安装在线式连续监测计量装置，并进行长期监测。所以排污跟踪是对监测装置运行情况和排放数据的跟踪，包括监测数据的处理和核定以及连续监测系统的运行、检验和测试。这一系列工作要求使用专门的计算机软件进行规范操作。

在美国，要求 $SO_2$ 和 $NO_x$ 排污权交易项目中使用小时为单位，因此美国选择了连续排放监测系统。在此基础上，美国建立了发达的排污跟踪监测系统，作为排污权交易信息管理系统的重要组成部分。这一系统可以测定、接收、管理排污数量信息，并进行记录、存储、发布等多种功能。

## 二、我国排污量跟踪监测的现状及发展

连续排放监测系统是确定二氧化硫排放量最准确的方法，美国优先选择这一方法。但中国的二氧化硫排放源数量巨大，安装这些设备的经济能力和操作、维护这些设备的技术能力有限，对中国来说，短期内在所有大型排放源安装连续排放监测系统并非易事。事实情况是，由于长期以来对 $SO_2$ 的控制缺乏具体的配套措施，我国 $SO_2$ 排放监测工作相对滞后，多数企业缺乏监测设备，环境保护部门的监测能力有限，也很难真正实施对 $SO_2$ 污染源的排放监测。物料平衡排放估算法还是我国排污量跟踪监测的主要方法。

当然，我国也积极进行了连续排放监测装置的安装运行工作，并已取得了一定成效，建立了基础性的连续排放监测系统，并开始逐步形成相应的污染源信息管理系统。按照国家和环保部的规定，火电厂比较普遍地安装了 $SO_2$ 和 $NO_x$ 连续自动在线监测系统，其他大气污染主要行业企业正在安装推进中，

涉及企业以造纸、化工、制药为主，也正在推进在线监测系统的安装使用。由于排污企业众多，据河北省环保内部数据，河北省纳入环保监管的排污企业大约8万家，经环保督察排查发现还存在“小散乱污”企业约7万家，但目前安装在线监测的企业尚在4位数数量级，连续在线只能借助“二八定律”控制主要行业的大型排污企业。但是，我国环保政策和相应标准还不能与连续排放监测系统（CEM）相匹配，缺乏相应的CEM应用规范。已安装CEM的火电厂，也有相当数量不能正常运行，有的因为系统随电厂主机引进，不能满足中国的标准要求，还有的是因为仪器需要经常更换部件，售后服务又跟不上，安装运行的管理维护也存在较多的问题。由于安装CEM的企业数量总体偏少，这些系统难以形成有效网络，监测数据的应用也受到了比较多的影响。在排污跟踪监测的信息管理系统建设方面，环境部门和排污源的硬件设备和软件开发也都需要进一步加强。尤其一些应用软件，多是在传统监测方法的基础上开发的，数据为人工处理，与连续自动监测装置不能匹配使用，所以需要开发完善，并应注意考虑与排污权流通交易带来的配额跟踪系统的衔接匹配。随着排污管理的加强和排污交易制度实施，CEM的安装、管理和整个跟踪监测系统必然会有很大的进步。

新排放源和安装了控制装置的排放源使用连续排放监测系统，参与排污权管理计划的其他排放源可以在短期内继续使用物料平衡法。这两者结合起来，是我国更多的排放源能够安装和操作连续排放监测系统之前可行的过渡方案。

我国当前CEM应用水平虽然还比较低，但为大面积推广积累了技术上的经验。连续监测数据已经开始作为排污申报、排污收费、排污许可证、排污交易和排放总量控制的依据，同时也可作为企业内部管理、改善生产状况和提高经济效益的依据，还进入了环保管理部门的数据库，用于进行环境质量预测预报。尤其借助发展迅速的智能IC卡排污监控系统，可以期待，在未来几年内，我国CEM应用面和应用水平必然会有突飞猛进的发展，排放监测的信息管理系统会得到普及应用，电子报表、网络传输、自动达标判别等功能会逐步显示出其先进性，排污权的排放跟踪监测与流转跟踪监测两大系统会协调工作，为排污权的初级市场和流通市场的健康发展，同时也为可持续发展战略的实现奠定坚实的基础。

## 三、污染排放的日常监督管理

在现行的环保监测体系基础上进一步完善污染排放的日常监管，包括污染源的在线监控、浓度控制以及日常抽测，短期内尽快建立主要区域的污染排放连续监测系统，对污染源排放总量进行监测，建立排污总量在线监控系统。

参加排污权制度的企业必须安装排污总量在线监控系统，已经安装在线监测设备的污染源要进行改装，增加污水量、废气量的监测和排污总量测算系统。

地方环保部门应当建立健全本地区各污染物排放跟踪系统。排污单位应当按照环保部门的要求安置固定源在线污染源排放自动监测系统，该系统可连续对每小时污染物排放进行跟踪监测。

日常监督管理工作包括监测设备的安装与更新升级、操作人员的培训与值班制度，监察大队现场检查以及社会公众的监督与投诉处理。

公众监督机制是借助社会的力量对企业的超量排放进行监控。增加公众监督机制后，在管理部门检查概率一定的前提下，鼓励公众积极举报有利于减少企业的超标量排放行为。

## 四、排污数据信息系统管理

建立污染源管理台账，记录日常监督中的污染源排放基础数据。根据排污权交易中心的排放许可证交易动态信息，建立许可排放跟踪系统，将企业污染排放实际数据与排污权交易中心核发的排污许可量进行比较，真实地反映区域实际污染排放情况。污染源管理台账要建立建设项目新增排污总量（增量）、污染治理削减排污总量（减量）、企业超标排放或偷排总量（变量）污染源“三量”管理台账和污染源动态管理信息系统。重点污染源管理台账实行一厂一档，作为排污单位现状排污总量的核定基数与开展排污权制度的基本前提。

排污权交易双方应认真执行有关污染物总量监测报告制度，按规定时限向本地环保部门所属环境监测站上报“污染物排放季度表”。

地方环保部门所属环境监测站按照污染源排放污染量总量监测报告制度要求，对本辖区内排污单位污染物排放状况实施监督监测，核定其排污总量，按时上报各类污染源排放污染物监督监测表和污染源排放污染物总量季度汇总表。各级环保部门每年度应当对排污单位上一年度污染物排放状况和排污权交易执行情况进行检查。

主管部门要采集排污数据并建立数据库，将其作为对企业排污权许可证实际运作绩效考核的重要依据，如图 10-1 所示。

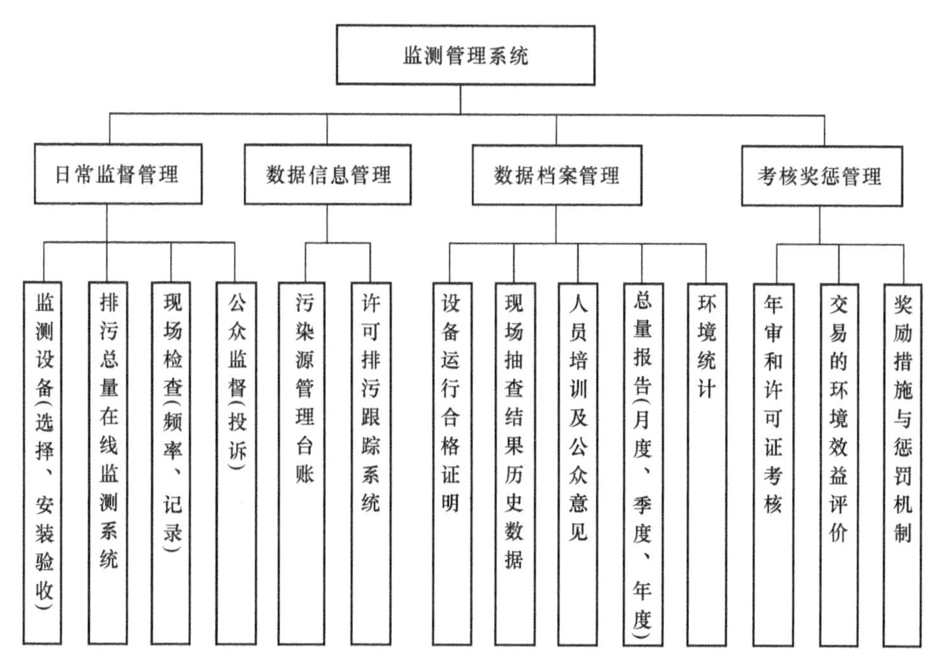


图 10-1　排污权使用监测管理系统

## 五、污染排放档案管理

污染排放档案管理工作可以分为设备运行合格证明、现场抽查结果历史数据，人员培训及公众意见、总量报告（月度、季度、年度）和环境统计。一方面，作为日常的监测数据记录，通过对设备维护与人员培训，保障全年连续监测的有效执行；另一方面，对监测的历史数据进行分析整理，定时向主管部门汇报监测数据与分析报告，及时反馈重大污染排放事故。此外，环境统计是环保部门的重要职责之一，排污权使用的污染排放监督工作与环境统计日常工作结合起来，可以更为有效地反映地区污染排放真实情况。

## 六、污染排放考核的奖惩管理

奖惩管理是指环保部门对有效削减污染物排放量和违反排污权交易规定的激励与约束行为。奖惩管理包括年审和许可证考核，交易的环境效益评价和奖惩措施与惩罚机制。建立定期排污绩效考核机制，对于排污企业所购买的不同类别污染源的排放权许可证额度，在一定时期内与污染监测管理体系所监控的实际排污数据和年度环境统计数据进行比较，同时参考环保局下达的节能减排目标，对企业排污权配额的实际运作绩效进行考核。对连续多次排名靠后的排污单位，其超过平均绩效部分一定比例的排污权可由当地政府强制回购，为新建项目提供发展空间；对于存在超标超量排污的企业实施减扣排污许可证额度等惩罚措施；对考核合格的企业今后年度排污许可拍卖以及新建扩建项目排污权配额时予以优先申购权利，促进排污权的优化配置。

对无证排放污染物或超过排污权权限排放污染物的，由环保部门给予处罚，处罚的幅度应为排污权市场交易平均价格的几倍。对情节严重的，可以吊销其污染物排放许可证，收回环境资源的使用权。奖惩结合的目的在于激励排污单位自觉地治理污染，从而规范排污单位的环境行为，保证排污权交易的顺利实施。

## 第二节　污染源排污监测排量核定框架体系

### 一、污染源排污量核定内容

排污权使用污染物指标是 $SO_2$ 和 COD。对排污单位排污量核定的内容除了主要包括上述两项排污权指标的排污情况外，还需要体现排污单位在环境管理、环境守法等方面的内容，具体如下：

（1）排污单位的基本情况。包括单位名称、地址、法人代表、单位组成、行业类别、产品方案与生产规模、资源消耗量、生产状况、生产工艺简介等。

（2）污染防治情况。包括主要环保设施建设和运行情况，排污口规范化建设和管理情况，在线监控设施建设，运营维护及比对质控情况等。

（3）排污单位环境管理情况。环保管理制度和机构设置落实情况；“环境影响评价”和“三同时”制度执行情况；污染物达标排放情况；排污申报、排污许可、排污收费制度执行情况；总量控制和减排要求执行情况；涉及禁用物质和淘汰工艺执行情况。

（4）排污单位守法情况。污染事故、公众环境意见投诉及处理情况；限期治理和限期整改及其他环境管理要求整改情况等。

（5）排污单位主要污染物的现状排放量。主要包括污染物排放的种类、浓度、排放总量和去向等。

（6）排污单位主要污染物排放绩效。体现排污单位污染物排放控制的水平，根据不同行业特点确定合适的排污绩效指标，主要有单位产品和单位经济指标排污系数，如单位发电量 $SO_2$ 排放系数，万元销售收入或万元税额 COD 排放系数等。

（7）排污单位应取得排污指标。按照排污单位主要污染物的排污绩效指标计算排污单位污染物排放量，同时参考排污单位环评批复量、“三同时”验收数据、环境统计数据、现状排放量数据，核定排污单位合理的应得排污权指标。

（8）排污单位可出让排污权指标的核定。对于申请出让排污权的排污单位，应根据其实际污染物排放情况、结合减排设施的建设和运行情况等，对其可出让排污权指标进行核定确认。

## 二、主要排污量核定方法

现行的污染源排污量核定方法名目繁多，概括起来主要有实测法、物料衡算法和类比法3种。

（1）实测法。实测法是通过实际监测污染源排污基本参数的方法计算污染源排污情况的，代表性方法有在线监测法、定期监测法。主要实测参数有污染物的浓度、流量、时间等，并据此计算污染物的排放量，计算公式为：

$$G = Q \times C \times T$$

式中　$G$——废水或废气中某污染物的排放量，kg；

$Q$——废水或废气的排放量，$m^3/h$；

$C$——某污染物的实测浓度，mg/L 或 $mg/m^3$；

$T$——污染物的排放时间，h。

（2）物料衡算法。物料衡算法是用于计算污染物排放量的常规算法，其基本原则是依据质量守恒定律，即在生产过程中投入系统的物料总量必须等于产出的产品量和物料流失量之和。常用的物料衡算有：总物料衡算、有毒有害物料衡算、有毒有害元素物料衡算、水衡算等。其计算通式如下：

$$\sum G_{投入} = \sum G_{产品} + \sum G_{流失}$$

式中　$\sum G_{投入}$——投入系统的物料总量；

$\sum G_{产品}$——产出产品总量；

$\sum G_{流失}$——物料流失总量。

当投入的物料在生产过程中发生化学反应时，可按下列总量法公式进行衡算：

$$\sum G_{排放} = \sum G_{投入} - \sum G_{回收} - \sum G_{处理} - \sum G_{转化} - \sum G_{产品}$$

式中　$\sum G_{投入}$——投入物料中的某污染物总量；

$\sum G_{产品}$——进入产品中的某污染物总量；

$\sum G_{流失}$——进入回收产品中的某污染物总量；

$\sum G_{处理}$——经净化处理掉的某污染物总量；

$\sum G_{转化}$——生产过程中被分解、转化的某污染物总量；

$\sum G_{排放}$——某污染的排放量。

(3) 类比法。类比法是参照与污染源类型相同的现有项目的排污资料或实测数据进行排污量核定的方法，代表方法有产排污系数法、类比调研法、经济计算法等。经验排污系数法计算污染源排污量公式如下：

$$A = A_D \times M$$

$$A_D = B_D - (a_D + b_D + c_D + d_D)$$

式中 $A$——某污染物的排放总量；

$A_D$——单位产品某污染物的排放定额；

$M$——产品总产量；

$B_D$——单位产品投入或生成的污染物量；

$a_D$——单位产品中某污染物的量；

$b_D$——单位产品所生成的副产物、回收品中某污染物的量；

$c_D$——单位产品分解转化的污染物量；

$d_D$——单位产品被净化处理掉的污染物量。

## 三、核算方法适用条件分析

(1) 实测法。实测法适用条件是监测方法必须正确，监测数据和工况必须具有代表性，这样才能在排污统计中反映污染源真实排污状况。代表性实测法有在线监测法和定期监测法。其具体适用条件主要有：

在线监测法的基本要求是在线监测设施必须正常运行，通过比对质控要求，从而保证数据准确可靠。

定期监测法要求监测的数据真实可靠，结果准确，并具有代表性。也就是说每次监测应结合污染源产排污情况、环保设施运行情况、生产设施运行情况有一个全面评估，所监测的数据可以全面反映污染源的真实情况。

(2) 物料衡算法。物料衡算法适用条件是对产污过程包括生产工艺流程、生产基本原理、原辅材料适用和消耗情况等在内有充分的了解和掌握。这在实际使用过程中造成了一定的限制，因此该法多用于生产工艺流程和生产原理简单，或者非综合性测算指标的排污量核定场合，如 $SO_2$ 排放核算，很少用于 COD 排放核算。

(3) 类比法。类比法适用条件是分析对象与类比对象的相似性和可比性，实际应用要依据生产规模等工程特征、生产管理及外部因素等实际情况进行修正。

工程一般特征的相似性：项目性质、规模、车间组成、产品方案、工艺线路、生产方法、原料燃料成分与消耗量、用水量和设备类型。

污染物排放特征的相似性：污染物排放类型、强度、浓度和数量、排放方式和去向、污染方式与途径等。

## 四、排污量核定方法选择

从上述3种排污量核定方法基本原理和适用条件分析来看，实测法是对基本排污参数直接监测的一种最基本的方法，所得到的内容最全面、最直接；物料衡算法是根据一些基本生产信息进行排污推算的一种较间接的方法，所得到的内容较笼统；类比法是通过比较分析进行排污推算的一种间接方法，所得的内容缺少实证性。因此，在确定排污量核定方法时，应遵循以下原则：

（1）优先使用实测法。在实测法中，在线监测数据频率高，最能反映污染源真实排污状况，因此优先采用经国家强制检定并经依法定期校验且比对合格的正常运行的在线监测设施的监测数据，其次采用以自动采样和流量监测同步—实验室分析为基础的监测数据，最后采用以手工混合采样—实验室分析为基础的监测数据。

（2）若无监测数据或监测频率不足，可根据行业特点和排污量核定方法的使用条件，选用物料衡算法或类比法。

（3）实测法计算所得的排放量数据必须与物料衡算法或者排放系数法计算所得的排放量数据相互对照验证，对两种方法得出的排放量差距较大的，需分析原因。如无法解释的，按照“取大数”原则得到污染物的排放量数据。

## 五、排污量核定工作程序

### （一）现行排污量核定工作程序比较分析

在现行的环境管理工作中，主要有以下3种排污量核定工作程序。

（1）中介核算方式。排污单位提供基础资料，由有资质的中介机构组织实施排污量核定，监管部门审核的排污量核定方式，现存在于建设项目环境影响评价和“三同时”验收之中。

（2）自主核算方式。由排污单位自行进行排污量核定，环保部门依据相关监测数据进行核查或抽查的排污量核定方式，现存在于排污申报和环境统计之中。

(3) 监督核算方式。排污单位提供基础资料，由环保部门组织相关技术力量实施排污量核定的排污量核定方式，现存在于污染源普查之中，在很大程度上也存在于污染减排之中。

上述3种排污量核定方式各具特点，其中中介核算方式的技术力量最强，工作程序最复杂，耗时最长，排污单位经济负担相对较重，排污量核定结果最可靠；自主核算方式工作程序较简单，耗时最短，各方经济负担轻，但技术力量最薄弱，核算结果不可靠；监督核算方式最客观，工作程序简单，核算结果较可靠，但耗时较长，行政成本高，行政效率低。

### (二) 排污权制度中核算工作程序推荐

在排污权制度中，需要定期对排污单位进行污染源排污量核定，以确定其排污权指标使用情况。鉴于污染源排污量核定时间紧，工作量大，直接关系到排污权使用的成本和效率，因此选择合适的排污量核定工作程序非常关键。

从排污权指标使用情况来看，一般有3种情况：情况一是在额度范围内正常使用排污权指标；情况二是超额使用排污权指标；情况三是富余排污权指标出让。一般来说，在一定的生产工艺水平、环保治理水平和经营管理水平下，污染源排污水平是基本不变的；出现污染源排污水平重大变化的，也就意味着生产工艺、环保治理、经营管理等方面出现重大改变。为此，在吸取现有排污量核定方式取得的经验基础上，建议情况一采用强化监督审核的自主核算方式；当出现情况二和情况三时，采用中介核算方式。具体如下：

(1) 排污单位建立内部排污量核定管理体系，自行开展排污量核定，编制排污量核定报告。

(2) 排污单位委托环境监测部门开展排污审核，环境监测部门出具审核报告。

(3) 排污单位向环境部门提交排污量核定报告、审核报告及相应的申请资料。

(4) 环境部门审定排污单位排污权使用情况。

中介核算方式如下：

当发现排污单位超额使用排污权指标或排污单位申请富余排污权指标出让时，通过中介核算方式进一步确定。

排污单位委托有资质的社会中介机构开展排污审核，出具排污评价报告。

环保管理部门组织专家论证，对排污评价报告进行审核。

根据审核结果，环境部门对排污单位排污权指标进行调整，并作出相关决定。

### 六、典型行业排污量核定方法和排污绩效指标的推荐

#### (一) 火电行业

排污权交易指标为$SO_2$。

排污量核定方法采取物料衡算法为主，用其他方法校核。

排污绩效采用单位产品产排污系数，即单位发电量或单位供热量$SO_2$排放系数。

#### (二) 水泥行业

排污权交易指标为$SO_2$。

排污量核定方法采取物料衡算法为主，用其他方法校核。

排污绩效采用单位产品产排污系数，即1t水泥产量$SO_2$排放系数。

#### (三) 印染行业

排污权交易指标为化学需氧量（COD）。

排污量核定方法以实测法为主，用其他方法校核。

排污绩效采用万元税额排污系数，即万元税额COD排放系数。

#### (四) 造纸行业

排污权交易指标为化学需氧量（COD）。

排污量核定方法以实测法为主，用其他方法校核。

排污绩效采用单位产品产排污系数或万元税额排污系数，即每吨纸COD排放系数或万元税额COD排放系数。

## 第三节 河北省排污权使用监测

### 一、河北省排污权监测应加强的主要工作

#### (一) 强化源头监管

强化源头监管主要是指对于出口处污染物排放的不同种类与数量进行监测与管理，旨在克服或解决“自然损耗”所导致的数据差异化问题。“自然损耗”一般产生于集中监测。只有政府强化源头监管，明晰出口污染物排放种

类与数量，才有可能与分散监测的数据进行归类加总，才有可能确定纳管排污方式的绩效，才有可能进一步明晰污染物排放权。基于企业实际缴纳排污权交易费用所获取的企业排污信息，政府可将官网内所有企业排污信息进行加总，并与出口处排污的实际信息进行比较；如果实际监测数据超过市场交易的信息，那么是“负自然损耗”，多出部分的污染排放权应由政府负责减排；反之，若是“正自然损耗”则说明纳管排污优于分散排污，多余的指标可以作为一种基础设施投入的激励方式归政府所有。

### （二）明确程序标准

规范的标准与完善的标准是监测平台构建不可或缺的重要组成部分，它们旨在规避“技术损耗”，实现排污量核定的标准化。就监测程序而言，它既是指监测过程所遵循的监测步骤，也包括在监测完成后监测数据的采集与汇总所采用的方法。就核算技术而言，它要求对污染源排污量核定的对象、程序、内容、要求、质量控制等方面加以规范，建立统一的污染源排污量核定技术规范。总之，政府应该以监测平台的构建为契机，进一步规范日常监测程序，逐步完善污染源核算程序与标准，从而为统计部门提供翔实、准确、全面的监测数据，为排污权交易市场提供市场所需的监测信息，进而保障排污权制度有序进行。

### （三）规范服务项目

监测平台的一项核心工作是为交易参与主体提供翔实的污染物排放分析报告。分析报告应由各级环境保护部门完成，或者委托专业科研团队完成。报告内容依服务主体而各不相同。环境保护监测部门应该及时提交区域/流域污染物排放分析报告，该报告应该包括：区域/流域主要污染物排放种类；区域/流域主要污染物排放数量；主要污染物企业平均治理成本；主要污染物行业平均治理成本；普查数据按可比价格计算的治理成本，以及相关污染物治理技术的革新与管理创新案例。一份真实可靠、切实可行的分析报告是现代监测平台不可或缺的服务项目，也是现代服务型政府高素质与高水平的重要体现。

### （四）突出质量管理

排污权交易市场存在诸多市场失灵的环节。其中，过程监管不力所导致的交易信息的扭曲是市场失灵的关键。因此，监测平台构建应该以“工业污染防治”的过程监管为突破口，落实“八项环境管理制度”，不断完善过程监管的法律基础与政策标准，进一步理顺源头监管、过程监管和末端监管的关系，努力提高多个环节环境监测与监管的能力，以达到“优化监管机制、整合监管资源、提高监管效率”的目的。实践中，过程监管主要表现为“全过程的质量管理”理念正在各个部门与单位间得到强化。该理念能够保证对监测计划、布点方案、采样方法、样品处理与保存、分析测定方法的选择、仪器的校准、试剂和标准物质的使用、数据记录和数据处理等的每一步骤和每一环节进行质量管理，从而提升环境监测机构整体的质量管理水平。

### （五）加强组织建设

监测系统的组织建设主要包括组织分工与队伍建设两个方面，旨在降低监测过程的“信息损耗”；明确组织分工是环保部门高效运作的必要条件，过硬的监测队伍是环境监测数据准确、全面的有力保障。(1) 部门间分工与协调。就监测平台构建而言，监测平台构建至少包括安装在线监测设备、定期排污量核定、排污量核定的审核、公布排污监测数据等四个程序。其中，在线监测设备的安装与维护是监测平台构建的基础，定期排污量核定及其审核是监测平台的核心，公布排污监测数据是有益补充。在排污权交易中，定期核算是由排污单位自主核算，排污量核定的审核是由监测部门在统一的核算技术规范下进行全过程的跟踪核算。(2) 监测队伍的建设。首先要改善工作生活待遇，提高监测队伍工作人员的积极性。环境监测部门可以以环保机构改革为契机，调整机构编制，落实工作人员的各项福利，扩大监测队伍的数量，吸引更多的有识之士加入监测队伍的行列。(3) 要加强培训与管理，提高监测队伍工作人员的监测水平。环境监测部门可以开展各类环保行动，提高监测队伍工作人员的道德素质和环保意识。

## 二、河北省排污权的智能 IC 卡监控

排污权相关智能 IC 卡技术最早开始于浙江，当时，在测算和收取企业排污费过程中，联想到能否像水卡、电卡一样快捷方便。这种思路与排污权试点工作相结合，于是就产生了以排污权市场化环境管理为指导，以实时监测自动计量为技术依托，以总量控制限值报警为自动管理目标，辅以自动执法控制为手段的一整套环保自动控制模式。该模式已经在多个地区试点进行，浙江和江苏两省的系统研发和使用走在前列。

### （一）排污权相关智能IC卡技术当前的主要特点

（1）机柜控制系统操作高度、模式、按键位置应便于操作掌控。

（2）整体硬件系统达到当前最新科技水平。使用工业级工控机进行数据管理，主控电路采用定制芯片，运算速度快，性能稳定。

（3）增加参数设置与阀门远程控制。报警临界值设置：系统设置各企业报警信息发送号码、报警限值、基准控制阈值，当达到报警限制时系统自动发送短信到设置报警信息发送号码，当达到基准控制阈值时自动关阀。

1）远程阀门控制。对各企业的阀门进行阀门控制及提取阀门状态信息，阀门状态按照开或关进行控制。

2）超量关阀功能。以核定发放的排污权许可证允许量为基准控制阈值，按月平均值划分，到大约排放核定值100%，系统红色报警，三次短信提醒至相关部门和人员，系统自动关阀。

3）超标关阀功能。以核定污染物排放标准为基准控制阈值，到达浓度核定值110%，系统红色报警，三次短信提醒至相关部门和人员，系统自动关阀。

4）远程增量开阀。可远程为企业充值，并将充值数额写入充值结果中，充值成功后如果阀门为关闭状态的则打开阀门，主要包含的信息有污染源、排放口、执行事项、总量控制序号、充值（吨）、处理状态、处理结果、执行日期等。可以为选定的污染源、排放口执行远程充值操作；可以根据污染源、排放口查询操作记录。

（4）由C/S框架升级为B/S框架。B/S框架的访问模式，使人机交互更友好，用户浏览更方便，权限控制更安全。对于分布式应用，系统安装、修改和维护均在服务器端解决；用户在使用系统时，仅仅需要一个浏览器就可运行全部的模块，真正达到了“零客户端”的功能。B/S系统很容易在运行时自动升级，对于戴星系统在部署、更新方面的优势尤为明显、B/S体系结构是提供了异种机、异种网、异种应用服务联机、联网、统一服务的最现实的开放性基础，通过Web Service技术可方便集成其他系统，并实现SOA。

（5）由末端管理变过程管理。原有管理模式注重末端效应，当污染发生后才能有相应的应对策略，属于事后响应，只有当污染发生后环保人员才能知道。而过程监控可以根据设备的原始设计参数，监控企业治污设备的实时运行情况，及时提醒用户设备的运行情况。当发生治污过程中的设备参数超标时及时通知用户，用户可以在污染未发生前及时通过工艺调整减少污染的产生。

（6）实时数据库+关系数据库的组合模式。

1）数据库系统架构更稳健，能承载几十万以上实时数据的读写。

2）实时数据库1秒钟可读写1万至几十万读写请求，加快了工况的实时刷新频率，使过程监控更精准。

3）基于实时数据库独有的数据压缩机制，极大地减少了磁盘空间占用，延伸了用户可以查询数据的时间段。

（7）优化通讯功能。针对现场干扰强，容易产生数据掉线、数据缺失情况，在自主研发的通信软件基础上，进行了数据加密，同时增加了掉线提示和数据自动回补的功能。

1）掉电管理。记录系统运行中，遇到设备断电和恢复的情况，方便维护人员对设备问题进行分析处理。

2）数据自动回补与手动回补。

（8）提升设备安全性。为了防止数据在传输过程中被截取，污染源IC卡总量控制采用RSA国家加密算法进行数据加密，保证数据链路安全、完整。同时对卡内数据写保护，设置密码，防止非法用户的破解。

（9）在数据报表方面引入HighChart控件。在增加报表页面美观度的同时，使报表的查询更加智能化，可以根据用户的要求自定义查询条件及查询结果。

### （二）排污权相关智能IC卡比一般监测的功能优势

通过智能IC卡污染物排放数量计量控制系统，可以有力地配合排污权交易制度对排放情况进行实时监测、计量和控制。依据过程监控判定污染物排放数据的合理性、真实性和可接受性，对排污单位的排放量“说得清”。与一般监测系统相比，排污权相关智能IC卡技术可靠，连接端口齐全，可以与当前河北省的排污权系统、在线监测系统、远程执法系统等系统对接。在技术上，可以实现以下功能。

#### 1. 自行开发通信中间软件

TYInf Series是一个通信中间软件，专门负责在各种平台间传送数据，保证数据在不稳定的数据线路上传送时不会丢失或重复，其简洁的编程接口能大大简化系统开发人员的工作量，提高开发质量。

TYInf Series为应用程序提供一种跨越网络通信的特殊机制，参与通信的应用程序之间不需要建立私有的、专用的逻辑连接，它们只需要把数据组成消息，放入消息队列中，接收方从消息队列中取出消息，达到通信的目的。

利用 TYInf Series 传送数据的系统在系统设计和应用开发上有以下优点。

（1）断电自动恢复。TYInf Series 这一特性能保证在网路中断并恢复之后，数据被可靠地从断电恢复传送，而无需程序员考虑网络特性。

（2）保证每条数据不丢失，不重复。由于采用了先进的程序设计思想，TYInf Series 的消息会先放入内存中暂时存放，直至完整传送为止。TYInf Series 是可保证信息一次性传输的中介软件。在当前数据传输线路条件普遍较差的现状下，这一点对要求高度数据完整性的系统来说至关重要。

（3）多协议并存。TYInf Series 提供给开发人员的编程接口与具体的网络协议无关，网络底层不同类型的传输协议对应用开发是透明的，基于不同种协议的应用程序间的通信在 TYInf Series 上已成为现实。相比网关技术它有无与伦比的优越性，可以大大节省应用开发人员的开发工作量。

（4）异步并行处理。TYInf Series 不仅支持传统的同步的实时响应的程序间通信，更支持异步的、并行的工作方式。当一个应用程序用 PUT 将一个信息传送给其他的应用程序，它不需等待另一个应用程序的回答，甚至不关心信息是否被对方接收，继续执行 PUT 之后的命令。

（5）实时响应，高速传输。TYInf Series 提供了保持链接的通信方式，使每条消息的传送不需重新建立新的通信链接，保证实时响应效率。

（6）TYInf Series 的安全性保证。公网数据很容易受到攻击和侦听，有必要采用可靠的安全机制保护机密数据的传输。TYInf Series 开放的接口支持各种用户开发的加密系统，从而保护在公共数据网络上传输的数据。如果要进一步地实现在互联网上的更强大的安全控制，TYInf Series 可以利用工业标准的 DCE（分布式计算环境）提供的认证和加密服务。

2. 阀门断电保护

IC 卡监控终端受到远程服务器发送的开阀指令后，首先判断当前阀门状态，如果阀门是开启状态则直接打开泵，并回送阀门已经开启指令；如果是关闭状态，则控制继电器开阀门，并根据阀门的状态信号来判断阀门是否开启到位；如果 60s 内（以 60s 为例）检测到阀门的开启信号则控制开泵，并回送服务器开发成功，否则回送服务器开阀失败。

IC 卡终端收到远程服务器发送的关阀指令后，首先判断当前阀门状态，如果阀门是关闭状态则返回关阀成功指令。如果阀门是打开状态则先控制关泵，然后控制关阀，当在 60s 内（以 60s 为例）判断到阀门关闭状态信号后，则回送服务器关阀成功指令，否则回送关阀失败指令。

3. 静态 HTML 页生成

在开发模式下，系统后台支持生成系统模板及其子类的静态页面，支持定时/自动生成功能，提升开发效率。

能生成 HTML 页以提高系统的访问性能。支持多种编码，支持简繁体转换等功能，从而满足 200 个用户进行开发登录，登陆成功率 99.5% 以上，平均响应时间小于 1s。

### （三）智能 IC 卡对排污权数量监控及环保工作的重要意义

智能 IC 卡污染物总量控制与排污权交易系统体系在符合各部门实际工作环境的基础上最大限度地满足各部门管理业务的需要，给现有工作带来切实的帮助，解决管理工作中面临的具体难题。同时，平台具备良好的人机接口与灵活多样的展现方式，实现用户可接受的查询效率与相应时间，通过搭建良好的人机界面，以及尽量贴近常用软件的操作方式使平台易学、实用。平台具备较高的技术先进性，立足于顶层设计，充分考虑新兴技术和架构方法。

智能 IC 卡污染物总量控制与排污权交易系统体系的建立可以使环保人员利用一个系统平台掌控整个管辖企业环保系统的运行情况，并通过该系统实现对排污企业的在线处理；通过集成的 SCADA、CIS、ICS 等功能，使得管理人员可以清晰、明确、快速地了解企业的减排效果；实现环保日常生产管理的信息化，包括排污企业台账、远程查询控制、各类报表等；对环保数据进行深入的收集、统计、汇总和分析，并构建数据分析模型挖掘有效数据，为领导决策提供准确、可靠、直观的技术依据。

通过应用多项现代信息安全技术和安全保障体系，保证平台的网络安全、应用系统安全和数据安全，系统在实现过程中通过提供系统备份、数据恢复、事故监控和网络安全保密技术措施，使平台具备较强的控制手段，形成完善的安全管理机制。同时通过用户认证、权限认证、传输加密等安全保障机制，防止数据受到破坏。将 IC 卡技术应用到“智能 IC 卡污染物总量控制与排污权交易系统”中，利用“污染排放工况实时监控”进行总量审计，为我国污染源排放权交易管理提供现代化的科技管理手段，从而实现真正意义的总量控制与排污权交易。

一套科学合理的“智能 IC 卡污染物总量控制与排污权交易系统”建设有助于环境管理部门根据环境质量目标，通过建立合法的污染物排放权，运用各种分配方式和市场交易机制，使排污企业取得与其排放量相当的排污权，促使企业把被动治理变为主动治理。

# 第十一章　排污权制度的环境与经济调控效应

排污权制度是人类长期处理环境与发展问题，经历了市场手段失灵、政府手段失灵和计划手段失灵之后，摸索总结出的政府调控与市场调整相结合的新型环境管理措施体系。从环境意义角度讲，排污权制度可以促进企业达标排放、降低环境管理成本和实施总量控制的成本、提高排放和环境监测能力、完善环境信息系统、确保环境质量目标的实现。从经济意义角度讲，排污权制度可以在宏观上促进和保障经济健康有序发展、带动相关部门和产业，在微观上引导企业向帕累托效率靠拢、促进企业技术进步和减排增效。从社会全局来看，排污权制度可以扩大污染防治的参与范围，提高环境管理效率，有助于政府宏观调控战略和可持续发展战略的实施。

当代社会处于环境危机和经济疲软的双重影响，探寻新型宏观调控措施，使之既能协调经济与环境之间的关系又能调控经济持续稳定增长，显得尤为重要。传统经济学低估了排污权的基础性和重要性，主张把环境容量作为一种基本排污权，并在论述排污权市场的宏观调控功能时，分析了这种调控机制的政策目标、政策手段和政策运转模式。排污权宏观经济调控政策可以作为一种常态政策，同财政、货币等宏观政策共同作用于社会，谋求经济的良性可持续发展。

排污权市场的宏观调控机制包括三个层面：第一层面，“排污权—环境容量—环境质量”的影响反馈调控，也就是排污权制度的环境质量调控效应。这是排污权制度的最基本功能，是它的立身之本，只有充分实现这一作用，排污权制度才能被社会认可。在业内，这是基础性常识，不再进行具体阐述。第二层面，环境—经济系统自动协调调控功能。经济生产与生态环境之间息息相关，从较长期来观察，排污权多—经济生产增长快—生态环境质量下降，这是一个循环阶段，生态环境质量下降—排污权减少—经济生产增长减缓—生态环境质量好转，这是另一个循环阶段。这两个循环阶段衔接起来形成一个完整的循环过程，借助政府的排污权供给增减调控之手，环境质量与经济生产可以实现协调发展。第三层面，宏观经济调控。排污权是公共资产，是企业生产经营必不可少的生产要素，调控排污权供给，可以调控产业结构、产业布局、行业和地区生产兴衰。政府借助环境排污权市场，可以实现经济生产总规模调控和经济内部结构调控功能，经济结构调整政策手段包括产业配售差异手段、地区配售差异手段、超排企业配售差异手段。经济总量调控政策手段具体包括初级市场供给量调整手段、二级市场减持或回购手段、初级市场价格调整手段和二级市场价格引导手段。经济总量调控政策包括扩张性政策和紧缩性政策两类，在使用时应注意其具有相机抉择性。

## 第一节　排污权制度的"环境-经济"关系调控效应

自由市场经济存在着诸多弊端，已经被历史证明必须进行改良。对国民经济的市场运行机制进行间接宏观调控是政府的基本社会性职责，常见的宏观调控手段包括财政性政策、货币性政策、收入分配性政策等。但是这些政策都是经济系统本身的政策，很难作用到环境系统，无法调整经济系统与环境系统之间的关系，可持续性差，最终会因环境的枯竭而导致政策实施的困境甚至失效。同时，宏观调控政策本身也不是封闭的，除了以上政策外，其他许多有关经济和社会全局的经济子系统可以成为宏观调控政策的手段和着力点，以影响和带动整个系统。排污权市场就是这样的一个子系统。

排污权是连接经济系统与环境系统的纽带。政府借助排污权市场，可以调整两大系统之间的关系，落实可持续发展战略，参见图11-1。

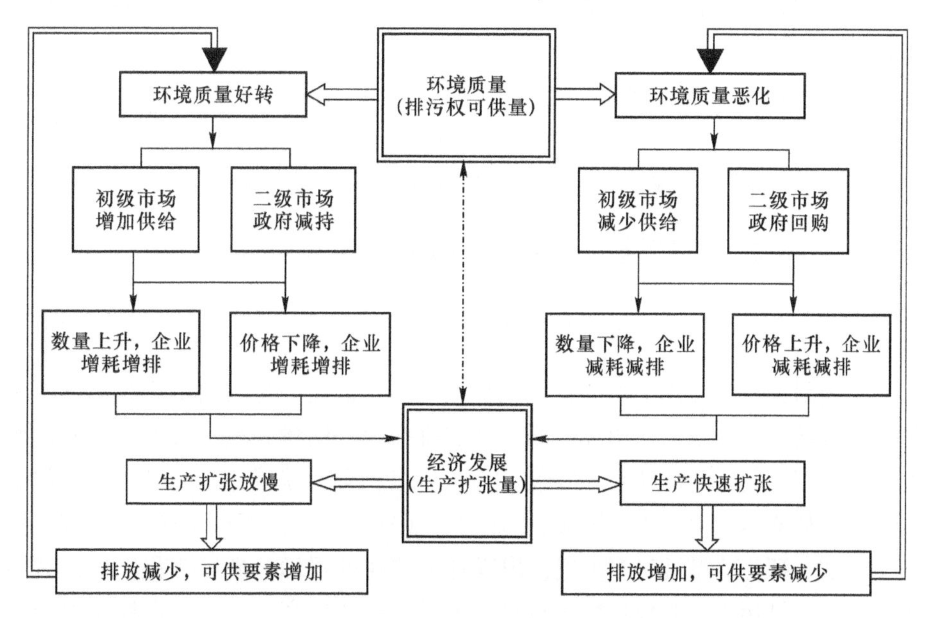


图11-1　排污权市场机制对环境-经济系统的自动协调调控效应示意图

## 一、环境–经济系统协调调控的目标

环境–经济系统协调调控的目标实质上就是可持续发展，它可以拆分为两个方面。第一个方面，就是在确保环境质量良好，不出现严重环境污染和生态问题的基础上，实现经济的快速发展；第二个方面，就是在生产持续增长的同时，减少对资源和生态的破坏，减少污染排放，维护良好的自然环境质量。通俗地说，就是既要经济增长，又要环境质量。

## 二、环境–经济系统协调调控的手段

排污权交易市场提供了两个环境–经济系统协调调控手段。

排污权供给量调控手段。这是一种比较直接的手段类型，排污权是任何经济主体进行经济活动都必须消耗的要素类型，没有排污权，企业无法开工生产。政府是排污权初级市场上唯一的供给者，也可以在二级市场上调整供给量，从而牵住企业的“牛鼻子”，调控企业的生产规模，也就是调控企业的环境和生态破坏、污染物排放行为。排污权供给量调控手段可以按照作用的市场层级具体区分为两类：初级市场增加/减少排污权供给量手段和二级市场政府减持/回购排污权手段。

排污权价格调控手段。这是一种比较间接的手段类型，排污权价格高低直接影响企业的生产成本，从而影响企业的生产规模（环境和生态破坏、污染物排放规模）和节能减排积极性。排污权价格调控手段也可以按照作用的市场层级具体区分为两类：初级市场排污权配售价格手段和二级市场政府引导（基准价格调整、减持/回购价格和数量影响等）排污权价格手段。

## 三、环境–经济系统协调调控的类型及其运行

### （一）自动稳定型环境–经济系统协调调控政策

这是最典型的无需外力的自动调控情形。在健全的排污权市场机制下，环境质量好转，政府就会在初级市场上增加排污权供给量，在二级市场上减持库存的排污权，同时调低和引导降低排污权价格，企业获得充足的排污权，降低排污权消耗成本，生产规模扩大。但生产扩张以后，会导致环境破坏加剧，排放量增加，环境容量被过多占用，出现环境恶化的局面。环境恶化以后，只能提供较少的排污权，并导致排污权价格上升，企业生产规模因排污权减少和成本上升，开始压缩生产，减少环境破坏和污染排放，环境质量会因此而逐步好转。参见图11–1对于高能耗、高排放企业和产业，这种效果尤其明显。

基于健全的排污权市场机制的这种环境-经济系统自动协调调控效果是排污权理论的重要优势所在，其他的环境管理理论和措施都难以发挥这种作用。只要制度健全了，排污权市场按照常态正常运转即可出现这种效果，无需政府和其他组织进行额外的干预。在正常的环境-经济状态下，这种政策会平稳运行，排污权供应量和价格不会大起大落，环境质量和经济发展也会比较稳定。即使有小的波动，排污权市场也会自动熨平这种波动。所以，这是一种常态政策类型，也应该是最常见的政策。

### （二）环境主导型环境-经济系统协调调控政策

在环境与经济出现明显不协调的时候，需要考虑政府的强势干预。当环境问题突出，人类生活和生产受到威胁的情况下，应当考虑采用环境主导型环境-经济系统协调调控政策，主要表现为政府超常规缩减排污权发行量，提高排污权发行价格，大量高价回购在二级市场上流通的排污权，借助市场间接向企业施加环境压力，迫使企业压缩生产，改进技术，减少环境破坏和污染排放，以尽快恢复环境容量，提高环境质量。

### （三）经济主导型环境-经济系统协调调控政策

经济主导型环境-经济系统协调调控政策是在经济萎缩条件下采用的另一种政府强势干预政策类型；主要表现为政府尽可能多地增加排污权发行量，降低排污权发行价格，在二级市场上大量低价抛售所持有的排污权，借助市场间接鼓励企业扩大生产，以恢复经济的增长能力。经济主导型政策要注意适度，不能以破坏环境为代价，造成难以收拾的局面。

### （四）基于排污权市场的环境-经济系统协调调控政策手段运作配合

在以上各种政策的运作过程中，排污权的数量手段和价格手段并不必然都是同向配合的。一般来说，排污权供给数量上升而价格下降的手段组合符合一般市场规律，在自动稳定型政策中是自动联合发挥作用的，但在实施经济主导型政策时，应根据经济形势和环境质量的具体情况，决定采用其中一种手段而另一种保持不变，还是组合采用。供给数量不变而价格下降的手段组合比较稳妥，不会带来严重的环境问题，建议经常使用，但供给数量上升而价格不变的手段组合则是比较危险的，可能会带来排污权超量使用导致的环境污染问题。供给数量上升而价格下降的组合则根本不应采用，其后果是致命的。同理，排污权供给数量下降而价格上升的手段组合也是自动稳定型政策中自动联合发挥作用的一种状态，也可以在强烈的环境主导型政策中采用，但供给数量不变而价格上升的组合则更温和一些，适于一般性环境主导型政策采用，供给数量下降而价格不变的组合也可以采用。数量下降，价格也下降的手段组合则一般不会出现。

## 第二节　排污权市场的宏观经济调控机制

### 一、排污权市场的宏观经济调控目标和手段

对国民经济的市场运行机制进行间接宏观调控是政府的基本社会性职责。常见的宏观调控手段包括财政性政策、货币性政策等，但是这些政策都是经济系统本身的政策，很难作用到环境系统，无法调整经济系统与环境系统之间的关系。宏观调控政策不是封闭的，除了以上政策外，其他许多有关经济和社会全局的经济子系统可以成为宏观调控政策的手段和着力点，以影响和带动整个系统。排污权市场就是这样的一个子系统，它的调控作用可以体现在经济系统内部，也可以体现在经济系统和环境系统之间的关系方面。排污权市场以经济增长和环境质量稳定为目标，以排污权供给量和价格作为主要手段，包括自动稳定型政策、环境主导型政策、经济主导型政策等。

#### （一）排污权市场的宏观经济调控目标

从总体上来说，排污权市场机制的宏观经济调控目标包含财政、货币政策调控的目标，即包括经济增长、物价稳定、充分就业和国际收支平衡，除此之外，它还可以在确保以上经济性指标的同时，谋求经济良性发展的前提——良好的环境质量。也就是说，排污权市场机制的宏观经济调控目标分为不出现严重环境问题基础上的经济快速发展和与生产持续增长共存的良好自然环境质量。其中，宏观经济调控目标又可具体归结出两个子项：经济生产总规模协调平稳增长和经济内部结构协调平稳发展。排污权市场可以协调经济过热和经济萎缩两种极端情况，并贯彻国家的经济结构调整政策，实现国民经济整体的平稳协调发展。

#### （二）排污权市场机制的宏观经济调控的手段

排污权交易市场可以通过要素供给量和价格两种基本手段，使进入企业消耗的环境容量发生变化，谋求特定的环境质量效果，协调经济与环境之间的关系。排污权市场机制对经济系统内部的政府间接调控参见图 11-2。在宏观经济调控领

域，排污权交易市场提供的调控手段主要有以下两种类型。

1. 经济结构调整政策手段

排污权交易市场在贯彻经济结构调整政策方面可以运用三种手段，包括产业配售差异手段，地区配售差异手段，超排企业配售差异手段。这三种手段一般是借助排污权初级市场供给量来实现并发挥作用的，一般不会出现初级市场供给价格差异。二级市场对经济结构调整一般也不会有特殊影响。

2. 经济总量调控政策手段

经济总量调控政策手段有排污权数量调控手段和排污权价格调控手段两种，按其发挥作用的市场又分为排污权初级市场手段和二级市场手段，具体包括四种手段类型：初级市场供给量调整手段，二级市场减持或回购手段，初级市场价格调整手段，二级市场价格引导手段。

## 二、排污权市场的宏观经济调控政策类型和相机抉择

在以协调经济与环境之间关系的调控层面，调控政策包括自动稳定型、环境主导型、经济主导型等类型。在单纯的宏观经济调控方面，排污权交易市场提供的调控手段主要包括以下两种类型。

### （一）排污权市场的宏观经济调控政策类型

根据政策作用指向的不同，排污权市场机制的宏观经济调控政策分为扩张性排污权政策和紧缩性排污权政策两种类型。

扩张性排污权政策是指能够引起生产产能扩张，经济总量增加效应的政策手段，主要是指排污权供给量增加手段和价格下降手段，在初级市场和二级市场均可实现。排污权供给量增加，企业可购置消耗的排污权数量就会上升，在直接扩大生产的同时，还可以适度替代其他受限制的生产要素，间接刺激生产。排污权价格下降，直接降低企业的生产成本，增加企业利润，进而优化企业资金流转和再生产能力，促使扩大生产规模，这些政策可以起到扩张经济总量的效果。

与扩张性排污权政策相反，紧缩性排污权政策是能够引起生产产能紧缩，经济总量减少效应的政策手段，包括排污权供给量减少手段和价格上升手段。其作用发挥原理、过程与扩张性政策刚好相反，不再具体说明。

排污权供给量减少手段与价格上升手段相配合，是一种强紧缩性排污权政策组合，对经济总量的压缩效果非常明显；单纯采用排污权供给量减少手段或价格上升手段，另一种手段不变，是一种弱紧缩性政策组合，对经济总

量的压缩作用比较柔和。排污权供给量增加手段配合价格下降手段使用，构成强扩张性排污权政策组合，可以显著地刺激和推进经济总量扩张；其中一种手段不变，单纯采用排污权供给量上升手段或价格减少手段，则形成弱扩张性政策组合，对经济总量的扩张作用比较柔和。

（二）排污权市场机制的宏观经济调控相机抉择性

排污权市场机制的宏观经济调控需要由政策部门根据情况进行相机抉择。如图 11-2 所示，当经济社会出现经济过热的信号时，可以采用紧缩性排污权政策减少市场供应量和抬高市场价格，经济过热的程度不同，紧缩性政

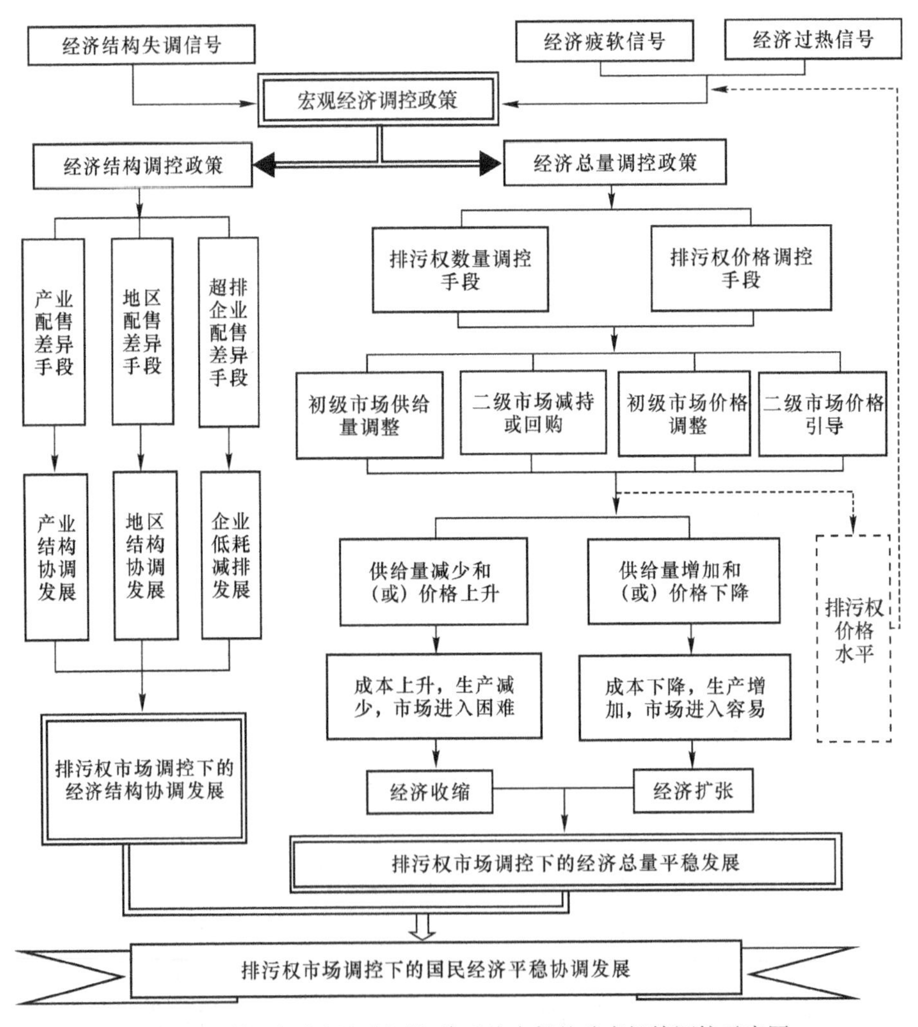


图 11-2　排污权市场机制对经济系统内部的政府间接调控示意图

策选用的强弱可以不同。排污权供应量减少和（或）市场价格提高，会导致企业可消耗排污权受到限制，生产成本上升，新兴企业市场进入困难，企业排放减少，生产也减少，经济总量收缩。当经济社会出现经济疲软的信号时，可以采用扩张性排污权政策增加市场供应量和降低市场价格，经济疲软的程度不同，扩张性政策选用的强弱也可以不同。排污权供应量增加和（或）市场价格降低，会刺激企业消耗排污权进行生产扩张的积极性，生产成本下降，新兴企业市场进入容易，企业排放增加，生产也增加，经济总量扩张。

排污权价格是重要的调控手段，同时也可以作为经济总量发生变动的一个信号。排污权价格持续虚高，可能是经济出现过热的信号；排污权价格持续走低，则可能预示着宏观经济形势正在走向疲软。

# 第十二章　河北省排污权试点发展的思考

2007 年 12 月以来，财政部、环保部已批复江苏等 11 个省（市、自治区）开展排污权有偿使用和交易工作，山东临沂等多个地方自主开展了排污权有偿使用和交易工作，取得了明显成效。河北省排污权工作可以分为五个阶段，分别以财政部、环保部批复试点工作、国务院下发试点工作指导意见和排污权试点工作完成四个重大事件作为划分依据，即成为试点省份前的自行试验试点阶段、获批试点省份后到国务院指导意见下发前以新改扩项目排污权交易为主的试点阶段，国务院指导意见下发后到 2017 年底试点工作完成之间以有偿使用为重点试点阶段，2018 年以来排污许可证主导下的排污权试点总结发展阶段。回顾过去的十年时间，作为制度的创新，排污权试点工作中难免遇到这样那样的困扰和问题。有价无市、缺乏二次交易是试点地区遇到的普遍尴尬问题。许多地区排污权交易开展以来，一直仅限于借助交易所向“新改扩”项目配售初始排污权，从未进行过二次交易或竞价交易。本章做一个简单小结，用于自省和展望。

## 第一节　河北省排污权试点发展的基本问题

缺乏有效供给是制约排污权制度发展的根本因素。交易是排污权制度最重要的创新点和最大的优势，实质上是污染物排放总量控制制度下的企业间排放配额的市场性调剂行为。通过交易活动，可以防止环境资源配置不灵活和低效率问题，激发企业污染减排的参与积极性和市场灵活性。没有二次交易，排污权制度就失去了灵魂，失去了存在价值。当前排污权制度试点中的二次交易缺乏主要原因在于供给不足。

### 一、企业的排污权实际供应能力不足

排污权制度试点开展时间较短，拥有排污权的企业少，有排污权节余的企业更少，导致目前市场的排污权实际供应能力不足。基于这一原因的问题

可以随着排污权制度实施的时间和参与企业的数量增加，尤其是“老”企业大量参与进来以后，将得到一定改观，但具体效果受制于其他几个原因的综合作用。

企业在报批时存在“钓鱼项目”和“可批性报告”的做法，谎报减排能力，瞒报排污预算量，导致企业生产中实际排放较高，超过排污权配额或排污许可证允许排放量；或者企业为了降低成本参与市场竞争，选用或掺入劣质燃料和原料，超过减排设备能力范围，导致企业实际开工后排放量超过排污权量。这种情况在实践中比较多见，企业没有排污权节余，也就不可能有排污权供应。

## 二、企业普遍存在惜售心理

排污权惜售是指企业明明有多余的排污权或者具备节余排污权的能力，却谎称没有排污权，不去市场交易的做法。企业惜售一般有以下几种考虑。

担心鞭打“快牛”。节余的排污权上市销售以后形成了排污权配额多的外界形象，在下一轮强制减排或排污权重新核定时可能被裁减指标配发量，用一点小利给自己长期套上了减排的枷锁，不值得。

期待“牛市”出现。对排污权的稀缺性过分看重，对排污权“牛市”期望过高，存在2008年中国股民“死了都不卖”的心理。担心一旦出售，排污权价格继续攀升，自己需要时支付的购买价会数倍于当时的卖出价，财务核算不但没有收益反而是亏损的。

储备扩产“指标”。企业自己有较强的储备思想，为避免自己需要扩产增排时受到制约而宁可存储起来也不销售。

## 三、区域排污权总量趋于饱和，排污权市场难以增加供应

地区排污权总量可以分为企业已经获得的正在使用中的排污权量（目前主要表现为排污许可证数量）和地区可以追加投放的排污权数量。地区排污权总量应当与该地区安全环境容量相一致。环境容量是人类生存和自然生态系统不致受害的前提下，某一环境所能容纳的污染物的最大负荷量，可以分为生态的环境容量、心理的环境容量和安全的环境容量三个层次。三个层次对应的环境质量越来越差，污染越来越重。安全的环境容量是维系人类和其他生物基本安全的临界需要，所以地区排污权总量不应超过安全的环境容量。

目前，从总的来看，我国东部多数地区排污权总量处于饱和状态，已经没有可供追加投放的排污权数量。2019年前的几年里，华北地区的严重雾霾、

整个东部地区的“有水皆污”，在事实上证明了这一点。总量难以增加，排污权市场供应就无法从根本上得到扩充，企业惜售心理会不断加重，排污权市场供应不足就无法改观。

### 四、排污权资产安全性差、保值性不足

排污权作为我国环境资源化、资产化的典型代表，与其他的资源和资产相比，其典型的期限性、行政干预性（如停产禁用）、强制回购性、非结转掉期使用性等，都严重影响了其价值的具体确定和安全保值。企业付出成本和努力进行减排后节余的排污权，必然是已经临近到期的排污权，相比付费获取时的价值必然明显降低。这种资产的价值和风险难以预测，在企业财务管理中难以处理，在企业的资产管理中也非常烫手。

### 五、违法违规排放时有发生，影响排污权制度严肃性

在实践工作中，尽管环保法律法规在不断完善，环境执法力度在增强，各级生态环境部门巡查检查在加密，但违法违规排放游击战做法时有发生，连续自动监测装置技术作弊也屡禁不绝，不买排污权而排污、少买排污权而多排污的情况起到了非常不好的示范效应，影响了企业参加排污权制度的积极性。

## 第二节　河北省排污权制度健康发展的建议

### 一、优化制度，刺激流动性，引导企业参与排污权交易

交易频繁、交易量大，是市场机制健全、市场发达的基本标志。缺乏交易的问题一般有三个：缺少买家、缺少供应、市场机制不健全。在排污权市场上，买家是绝对不缺的，企业层面的缺少供应与当前的市场机制有欠缺密切相关。所以，应优化改进排污权制度设计，增强排污权的流动性，主要可以考虑以下几点内容。

#### （一）迅速拓宽排污权的试点范围

一是扩大试点的地区范围，激发市场的覆盖范围。不再仅限于在特定流域或区域、特定行业开展，而是在全省（市）行政区域内实施，让众多企业参与排污权制度。二是把老企业纳入排污权制度，增加排污权供应群体和可能性；老企业一般设备陈旧，单位排放量较大，设备减排、技术减排的余地

大，减排能力强，最重要的是数量众多，远远多于“新改扩”企业。目前，把老企业纳入排污权制度的试点省份市场活跃度明显高于没有拓宽范围的省份。三是推动跨区流转，增加市场活跃度；研究制定《排污权交易指标储备办法》，建立排污权储备、管理、使用的相关规定，切实发挥政府的宏观调控作用，促进主要污染物的交易和跨区流转，解决环境容量不足和交易市场不活跃等问题；推动交易市场的发展。四是取消行业之间总量限制，在保证地区环境质量的前提下，充分发挥排污权的调节作用，排污权可以在行业间进行调剂，实现环境资源的合理配置，促进企业淘汰污染较重和落后的生产工艺，推动产业升级和结构调整。

### （二）合理设置排污权的期限结构

排污权期限的不明确或不合理，在一定程度上造成了排污权的不流动性。有些省份把排污权定为永久期限，或者单一的10年、20年长期期限。排污权可以被企业长期持有，一旦出售后短期内基本无法再从一级市场上获得，企业惜售心理会得到保障和刺激，参与市场销售的积极性极低。所以，排污权的期限结构设计必须要有短期、中期和长期三种类型，三种类型的数量比例根据市场情况由排污权管理服务部门确定，长期排污权用以稳定企业基本生产，短期排污权用以灵活调控环境质量适应国家政策调整，中期排污权两者兼顾。比如某企业共需100单位排污权，在2013年获得1年期排污权30单位，5年期40单位，10年期30单位，假定企业经核定的排放水平不变，企业每年都可以获得30单位1年期排污权，每5年都可以获得40单位5年期排污权，每10年都可以获得30单位10年期排污权，受有效期届至的压力，企业当期节余的排污权如果不能销售出去，将成为一张废纸。同时，企业有一个稳定的排污权再次获得预期，不担心排污权售出后自己无法持续生产，企业就会在测算好自己当期必需量和节余量的基础上，把节余排污权推向市场。稳定而且相对较低的初始排污权配置价格也是企业有市场供给的基本保障。

### （三）完善设定排污权的价格体系

排污权作为一种资源，是有限、有偿、有价的，要合理确定排污权的基准价格，鼓励和支持竞价交易。

（1）结合本省实际情况，确定污染物的交易基准价格。根据治理成本、环境容量、经济发展水平等因素，研究交易基准价格。把对环境质量影响大、减排压力大、治理成本高、危害大的污染物，制定较高的交易基准价格。

(2) 推行竞价交易。目前，排污权的初次获得（排污许可证）还不是一种纯市场行为，行政手段在其中起着重要作用。交易指标量主要靠各市、县环保部门为企业间牵线搭桥，市场调配总量指标的作用没有充分发挥，致使交易市场不活跃。要按照市场经济的原则，制定竞价办法、模式、规则，支持和鼓励竞价交易，充分反映环境资源供求状况，利用市场激发企业参与排污权制度的积极性，推进排污权制度发展。

### （四）结转存储，提升资产安全性和保值性

在接下来的制度设计和工作中，应当切实从排污权的环境管理属性和经济资源资产属性这两个方面考虑问题，两个方面要兼顾，不能过于重视排污权的环境管理一面，也不能单纯从环境管理部门工作的便利性出发来考虑问题，而应充分考虑排污权的经济资源资产性质，考虑《物权法》对资产的保护，合理设计排污权的期限结构、行政干预、回购收储、结转掉期使用等问题，使排污权能真正成为市场中的资产，具有价值可预测、可评估、可保值，具有安全性的资产。只有这样，企业才会明显提升参与排污权制度的积极性和主动性，排污权市场才能繁荣起来。

### （五）强化监测和执法，依法严惩违法排放，保障排污权制度健康发展

这是老生常谈的问题，但又是非常重要的问题。不能因为法制意识淡薄而姑息违法违规，也不能因为法制建设不足而放松对违法违规排放的打击力度。应持之以恒，强化技术手段和信息化水平，强化监测和执法，依法严惩违法排放，保障排污权制度健康发展。

## 二、动态看待环境容量，借助补偿机制，增加排污权总量供应

前面提到区域排污权总量趋于饱和，是从静态角度来看待环境容量及其对应的排污权的。实际上，环境容量是可以再生的，排污权是可以被“制造”的，停止污染、治理环境、植树造林等补偿活动都可以起到这种作用。所以，环境补偿是增加排污权供应的根本途径，也是排污权增加和经济发展同时兼顾的优质举措。

### （一）环境补偿是经济系统补偿环境系统增加环境容量的活动

环境补偿是以保证环境适合人类生存和实现环境可持续利用为目的，由环境资源使用者提供主要经费，由环境部门组织、委托、奖励开展环境保护、

整治与恢复工作，以市场机制和政府干预为依托，以资金流动为纽带的环境管理制度体系。环境补偿的实质是实现物质和能量从经济系统到环境系统对等性、补偿性转移，维持两个系统之间物质和能量的合理双向流动。环境补偿是人类对环境的补偿，资金的转移仅仅是补偿活动的纽带，获得资金的人只是补偿的中间人，只有把资金用于对环境施加物理影响、追加或调整化学物质成分、补充动物和微生物数量和品种等活动，转化、迁移、降解和扩散污染物质，恢复环境容量，才能称之为环境补偿。

随着排污权制度的实施，减排投资主要成为企业的自主生产经营行为，排污（权）收费的开支主方向应逐渐转移到环境补偿工作中。各级环保部门应设立环境补偿工程项目，对环境补偿公司进行工程招标，借助环境补偿工程治理污染，改善环境，恢复环境容量，“生产”排污权，增加区域排污权总量的供应。

### （二）以农补工，以生活补生产，增加工业排污权市场供应

当前的农业生产已经在某种意义上呈现出明显的石油农业、化学农业的特点，农业排污量总量惊人，急需治理。同时，农村生活能源消耗量也与日俱增，农村生活排放也特别受到关注。如果农业生产和农村生活能够减少排污，就可以节余出总量可观的排污指标，增加工业排污权的可用量。鉴于农业和农户的分散特点，这项工作由一些中介性质公司来开展比较合适。这种中介性质公司可以是生态农业公司和绿色生活公司，其工作兼有生态补偿、生态农业改造和新农村改造的特点。

在这些公司开展业务前，应先测算该地区污染物的实际排放量水平，由生态农业公司开展生态农业业务，比如节水灌溉、免农药免化肥种植、循环农业生产。由绿色生活公司开展沼气入户煤炭替代等，然后定期测算该地区的污染物排放量，其前后排放的差值，即污染物排放的减少量，可以作为“排污权的产出”，转移到该地区的工业排污权市场上进行销售；销售收入用于免费为农民和农村提供绿色生态生产条件和生活设施，超出部分作为公司利润。排污权管理服务部门对这种排污权进行核定和认证。对农业和农村生活进行低排改造和维护支持的活动是环境补偿活动，这种补偿活动具有小、散、杂等特点，由生态农业公司和绿色生活公司汇集整理后，所节约和产生的零散排污权汇集成有一定批量的排污权，才具有上市交易的可能性。

### （三）调整区域产业结构，增加区域排污权供应

社会经济活动由多种产业和行业组成，不同产业、行业的排放程度不同。

环境部门应当会同发改、工信等部门，结合本地区环境容量实际情况，及时提出产业结构调整措施，以确保环境资源同等消耗程度下社会经济总产出最高。以河北省为例，经济结构明显偏重，钢铁工业、建材工业、火电行业、化学工业等较为突出。而该地区大气污染非常严重，大气污染物排放权极度匮乏，所以应大力扭转重化工业为主的结构形式，引导发展排放小的服务业、高新产业。在环境措施方面，可以适当缩减重化工业的排污权配额指标，提升重化工业主要排放物的排污权价格，以排污权的市场调节之手，限制该产业的扩张，并使之逐渐外迁或转产，把在这个过程中腾出的较多的大气污染物排放权，投放到引导和鼓励发展的产业中去。

## 三、排污权交易与排污许可制有机衔接

为了贯彻落实生态环境部《排污许可制全面支撑打好污染攻坚战工作方案》的相关要求，有机衔接排污权交易与排污许可制，激活和推进排污权交易，发挥经济手段在引导和鼓励排污单位通过淘汰落后产能、清洁生产、污染治理、技术改造升级等方式减少污染物排放的作用，排污权交易与排污许可制应当有机衔接。

以排污许可证为依托开展排污权交易，推进以证确权，以证定量，排污许可与排污权“一证式”管理。排污权是指排污单位经核定、允许其排放污染物的种类和数量，排污权以排污许可证形式予以确认，排污权交易工作直接依托排污许可证开展，排污单位可以就排污许可证载明的排放污染物种类、许可排放量开展排污交易。

做好排污权交易后的排污许可证变更和申请工作，确保权证一致。排污权交易完成后，交易双方应在20个工作日内向原排污许可证核发环境保护机关报告，并申请变更其排污许可证。新建、改建、扩建项目通过交易获得排污权的，应在20个工作日内按照《河北省控制污染物排放许可制实施细则》的规定向具有排污许可证核发权的环境保护机关报告，并在投入生产或使用并产生实际排污行为前30日内申领排污许可证。具有排污许可证核发权的环境保护机关应当接收交易方提交的排污权交易报告，并按照规定变更或核发排污许可证。基于交易变更或新申请的排污许可证应当载明本次交易的时间、污染物类型和数量等信息。

排污权交易应当在公共资源交易平台上进行交易，排污权交易平台应当具备符合生态环境管理信息系统要求的技术条件，其交易数据与许可证管理信息平台共享对接。公共资源交易平台负责提供排污权交易的场所、设施及

相关服务。尚未整合建立统一公共资源交易平台的，环境保护行政主管部门已经组建的交易平台可继续使用。交易完成后，交易平台向交易双方出具交易凭证并备案存档，同时通过信息平台共享至排污许可证管理信息平台。

排污权交易自愿进行，交易价格在不低于政府指导价格的基础上由交易双方自行商定。排污权交易是环境资源的市场配置行为，遵循自愿原则。为了活跃交易，激励减排，应坚持排污权交易价格由市场决定，不设上限的原则，但不应低于政府指导价格。

排污权交易收入是排污单位通过淘汰落后产能、清洁生产、污染治理、技术改造升级等方式减少污染物排放的合理补偿与报酬，由作为排污单位的出售方依法收取。排污权交易的出售方是排污权交易管理机构的，交易收入全额上缴国库，纳入财政预算管理，统筹用于污染防治，任何单位和个人不得截留、挤占和挪用。

排污权交易应遵循相应控制交易范围的规定。大气污染物排污权可在全省范围内交易，火电企业（包括其他行业自备电厂，不含热电联产机组供热部分）原则上不得与其他行业企业进行涉及大气污染物的排污权交易；涉及水污染物的排污权交易仅限于在同一水系内进行；工业污染源不得与农业污染源进行排污权交易。

受让方所在区域被列入区域限批范围的、排污单位未完成污染限期治理任务的、排污单位未完成生态环保机构要求的限期整改任务的；法律法规规章规定的其他不应交易的情形，不得参与排污权交易。交易当事人违反上述要求进行排污权交易的，由排污权交易管理机构撤销交易，交易当事人承担相应责任。排污权交易双方交易前应在排污权交易管理机构进行登记，并提供证明材料；交易后20日内应到排污权交易管理机构进行备案。具体交易程序和规则按照交易平台的制度办理。

做好排污权交易与排污许可制之间的有机衔接，活跃和规范市场交易，是国家借助市场手段引导节能减排、防治污染的重要经济性生态环境政策，是落实《排污许可制全面支撑打好污染攻坚战工作方案》的重要工作，是做好固定污染源管理工作的重要手段。

# 参考文献


[1] 唐受印. 试论排污权交易机制 [J]. 中国环境管理, 1990 (6): 8-10.

[2] 符史高, 程春满, 陈小平. 环境保护与经济建设同步进行的战略——对海南实施排污许可证制度和排污权交易政策的构想 [J]. 环境科学研究, 1991 (2): 59-60.

[3] 王曦. 防治工业污染的新途径——排污权交易 [J]. 中国环境管理, 1993 (4): 33-35.

[4] 黄洪亮, 沈建中. 环境管理走向市场经济的可喜尝试——对排污权交易的认识与思考 [J]. 中国人口·资源与环境, 1994 (1): 73-76.

[5] 李周. 排污权界定、交易和环境保护 [J]. 生态经济, 1996 (3): 25-26.

[6] 洪蔚. 美国排污权贸易新进展 [J]. 环境导报, 1996 (6): 37-38.

[7] 邢晓军. 排污权交易的规范和管理 [J]. 环境, 1998 (1): 3-5.

[8] 刘兰芬, 姜爱春, 黄平. 大气排污权交易政策在我国电力工业发展中的应用 [J]. 电力环境保护, 1998 (1): 3-5.

[9] 程远, 吴敏辉. 排污权市场交易理论研究 [J]. 环境保护, 1998 (3): 3-5.

[10] 胡平生, 袁磊. 对排污权交易理论的反思 [J]. 当代财经, 1998 (5): 3-5.

[11] 邢晓军. 排污权交易及其规范 [J]. 中国人口·资源与环境, 1998 (2): 3-5.

[12] 狄雯华. 论排污权交易在中国的可行性 [J]. 环境保护科学, 1998 (5): 3-5.

[13] 庞淑萍. 论我国实行排污权交易制度的可行性 [J]. 能源基地建设, 1998 (6): 3-5.

[14] 茅于轼. 排污权交易管制 [J]. 电力技术经济, 1999 (2): 3-5.

[15] 陈安国. 美国排污权交易的实践及启示 [J]. 经济论坛, 2002 (16): 43-44.

[16] 李利军, 李艳丽. 环境问题的排污权调整思路 [J]. 经济论坛, 2004 (20): 129-130.

[17] 高桂林, 焦跃辉. 排污权交易在我国的实施 [C]. 水污染防治立法和循环经济立法研究——2005 年全国环境资源法学研讨会论文集（第三册）. 2005: 186-190.

[18] 李利军, 翟玥, 关华. $SO_2$ 排污权有偿使用初始配售方法研究 [J]. 经济与管理, 2016, 30 (01): 84-88.

[19] 李利军, 李艳丽. 生产创造需求的本意, 不要误读 [J]. 环境经济, 2014 (10): 25.

[20] 李利军. 合理设置排污权期限　放开环境调控的手脚 [J]. 环境经济, 2014 (4): 19-24.

[21] 陈安国. 排污权交易的经济分析 [J]. 石家庄经济学院学报, 2002 (4): 392-394.

[22] 黄桂琴. 论排污权交易制度 [J]. 河北学刊, 2003 (3): 202-204.

[23] 耿世刚. 排污权的产权性质分析 [J]. 中国环境管理干部学院学报, 2003 (3): 8-10.

[24] 张玉棉, 田大增. 科斯定理与异地“排污权”交易案 [J]. 河北学刊, 2005 (6): 197-199.

[25] 郭平, 孟喆. 技术市场管理制度对排污权市场管理制度的借鉴 [J]. 求实, 2005 (1): 56-57.

[26] 穆红莉，马慧景．我国实施排污权交易制度中的问题研究［J］．石家庄经济学院学报，2005（6）：810-812.

[27] 孙世芳．构建排污权市场 推进可持续发展——读《排污权交易市场建设研究》［J］．理论探讨，2006（2）：177.

[28] 郭志伟．中国排污权交易制度研究与河北省排污权交易制度构建［D］．保定：河北大学，2006.

[29] 安建华，李永刚，秦宏普．排污权交易的非现实性和征收污染环境税的必要性［J］．科技和产业，2006（10）：42-44.

[30] 王晓敏，刘万才，李利军，等．排污权的初次配置方式及其价格问题研究［J］．生态经济（学术版），2006（2）：116-119.

[31] 张清郎．电力企业排污权交易研究［D］．保定：华北电力大学，2008.

[32] 崔长彬，马仁会．关于排污权交易与垄断的思考［J］．广西社会科学，2008（6）：92-95.

[33] 龚丽肖．对我国排污权交易制度的探讨［J］．经济论坛，2008（13）：125-126.

[34] 张艳丽．武安市排污权交易的研究与实践［J］．河北工程大学学报（社会科学版），2009，26（2）：32-33.

[35] 李利军，刘增强，裴建国，等．焕发我国排污权制度的活力从哪入手？［J］．环境经济，2013（7）：29-31.

[36] 李艳丽，李利军．新型环境—经济系统协调调控机制研究［J］．山东财政学院学报，2010（3）：66-69.

[37] 李艳丽，李利军．环境容量生产要素市场的宏观经济调控机制分析［J］．石家庄经济学院学报，2010，33（2）：41-44.

[38] 李利军，张再生．西方传统主流经济学的环境意识缺陷批判［J］．求索，2009（2）：8-10.

[39] 李利军．成本倒逼，利益引导——合理运用排污权制度消解经济与环境的矛盾［J］．石家庄铁道大学学报（社会科学版），2013，7（3）：1-6.

[40] 贺永顺．关于排污权交易的若干探讨［J］．上海环境科学，1999（7）：3-5.

[41] 张曼，张树军．排污权制度对我国环境治理的经济学启示［J］．东北财经大学学报，1999（4）：3-5.

[42] 经济合作组织．贸易的环境影响［M］．张世秋，李彬，译．北京：中国环境科学出版社，1996.

[43] 马中，杜丹德．总量控制与排污权交易［M］．北京：中国环境科学出版社，1999.

[44] 李利军．排污权交易市场建设研究［M］．石家庄：河北人民出版社，2005：10.

[45] 谢雯，尹彦品．河北省实施排污权交易的实践与反思——基于河北省满城县经验的探讨［J］．经济与管理，2010，24（5）：72-75.

[46] 威廉·配第．赋税论［M］．邱霞，原磊，译．北京：华夏出版社，2006.

[47] 亚当·斯密．国富论［M］．谢祖钧，译．北京：新世界出版社，2007.
[48] 阿尔弗里德·马歇尔．经济学原理［M］．朱志泰，译．北京：商务印书馆，1997.
[49] 经济合作组织．发展中国家环境管理的经济手段［M］．张世秋，李彬，译．北京：中国环境科学出版社，1996.
[50] 李利军，李艳丽．环境生产要素理论初探［J］．石家庄铁道学院学报，2009（4）：36-40.
[51] 经济合作组织．国际经济手段与气候变化［M］．张世秋，李彬，译．北京：中国环境科学出版社，1996.
[52] 汤天滋．环境是构成生产力的第六大要素——保护和改善环境就是保护和发展生产力解析［J］．生产力研究，2003（1）：61-62.
[53] 李利军，李艳丽．环境资源管理市场化的产权问题及解决思路［M］//董克用．构建服务性政府．北京：中国人民大学出版社，2007：392-400.
[54] 余冬筠，沈满洪．排污权抵押贷款的理论分析［J］．学习与实践，2013（1）：41-46.
[55] 陈欧飞．排污权抵押贷款制度的合理性分析及相关完善建议［J］．法制与经济，2010（1）：30-31.
[56] 泰坦伯格．排污权交易——污染控制政策的改革［M］．RFF丛书．北京：三联书店，1992.
[57] 王金南，杨金田，马中等．二氧化硫排放交易——美国的经验与中国的前景［M］．北京：中国环境科学出版社，2000.
[58] 沈满洪．环境经济手段研究［M］．北京：中国环境科学出版社，2001.
[59] 王金南，杨金田，等．二氧化硫排放交易——中国的可行性［M］．北京：中国环境科学出版社，2002.
[60] 王志轩．排污权有偿使用是个伪命题［N］．中国能源报，2012-10-08.
[61] 大卫·N·海曼．公共财政：现代理论在政策中的应用［M］．章彤，译．北京：中国财政经济出版社，2001.
[62] 经济合作组织．环境管理中的经济手段［M］．张世秋，李彬，译．北京：中国环境科学出版社，1996.